《海洋小百科全书》荣获"第五届全国优秀科普作品奖"

海洋小百科全书

主　编　关庆利
副主编　丁玉柱　彭　垣

海洋水文

彭　垣　孙即霖　编著

中山大学出版社
·广州·

版权所有　翻印必究

图书在版编目(CIP)数据

海洋水文/彭垣,孙即霖编著.—广州:中山大学出版社,2012.1

(海洋小百科全书/关庆利主编)

ISBN 978-7-306-03571-4

Ⅰ.①海…　Ⅱ.①彭…②孙…　Ⅲ.①海洋水文-普及读物　Ⅳ.①P731-49

中国版本图书馆 CIP 数据核字(2009)第 222102 号

出 版 人：	徐　劲
策划编辑：	蔡浩然
责任编辑：	蔡浩然
装帧设计：	杨桂荣　林绵华
责任校对：	赵　婷
责任技编：	何雅涛
出版发行：	中山大学出版社
电　　话：	编辑部 020-84111996,84113349
	发行部 020-84111998,84111981,84111160
地　　址：	广州市新港西路135号
邮　　编：	510275　　传　真：020-84036565
网　　址：	http://www.zsup.com.cn　E-mail:zdcbs@mail.sysu.edu.cn
印 刷 者：	佛山市浩文彩色印刷有限公司
规　　格：	880mm×1230mm　1/32　9.25印张　197千字　插页:4
版次印次：	2012年1月第1版
	2014年4月第4次印刷
定　　价：	18.30元

如发现本书因印装质量影响阅读,请与出版社发行部联系调换

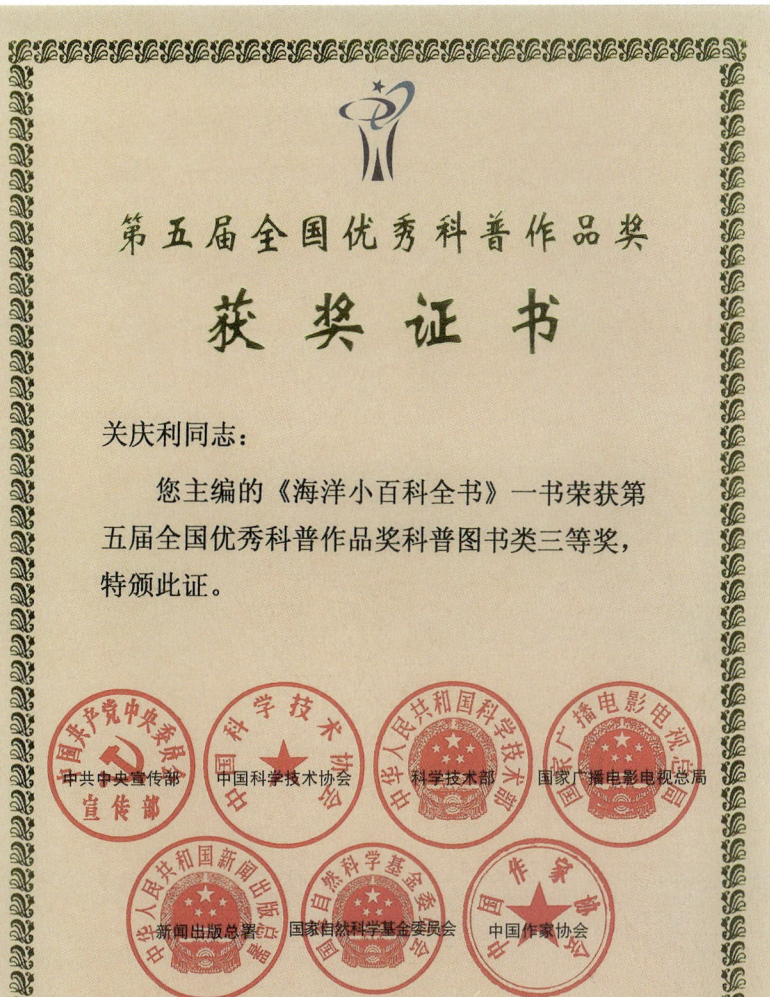

《海洋小百科全书》于2002年5月出版,2003年9月被中国共产党中央委员会宣传部、中国科学技术协会、中华人民共和国科学技术部、国家广播电影电视总局、中华人民共和国新闻出版总署、国家自然科学基金委员会、中国作家协会联合授予"第五届全国优秀科普作品奖科普图书类三等奖"。本书于2007年10月修订再版,现再次修订,由中山大学出版社出版。

海洋水文

◀ 汹涌的海浪

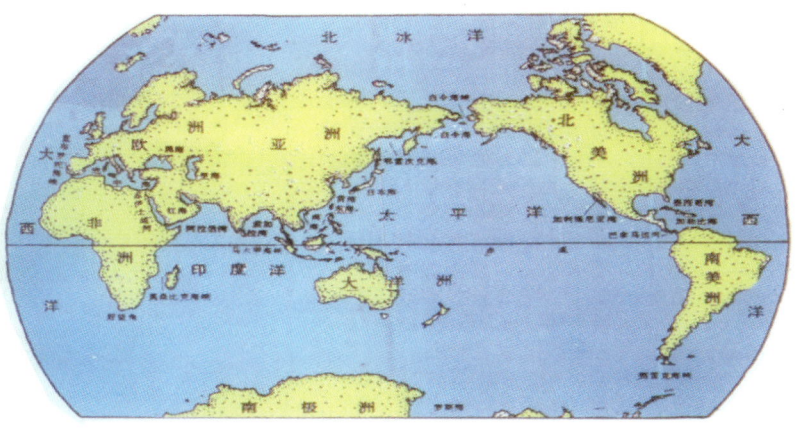

地球上的四大洋分布 ▲

北冰洋海冰 ▲

夏威夷的海浪 ▲

海洋水文

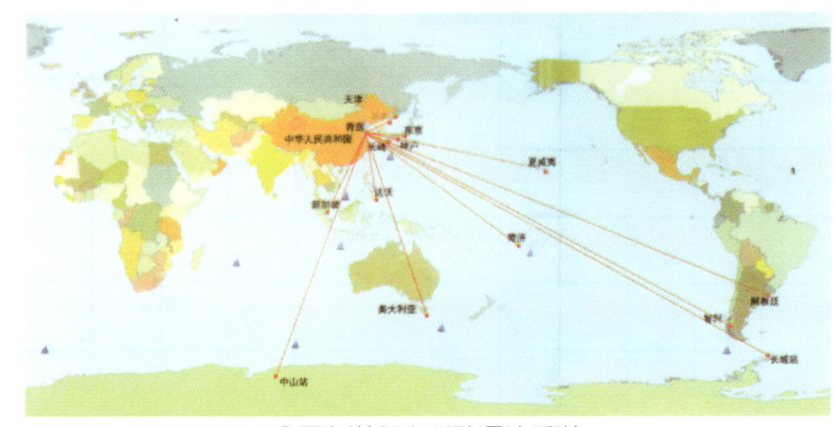
▲ 我国海洋科考活动远涉重洋

▲ 海洋温、盐、深调查

▲ 海冰调查

▲ 我国"远望6"号航天测量船

海洋水文

▲ 青岛小麦岛自动化海洋站

▲ 山东成山头海洋站

▲ 南沙永暑礁海洋气象观测站

▲ 马瑞克斯资料浮标

▲ 海洋浮游生物取样

海洋水文

▲ "科学一"号调查船

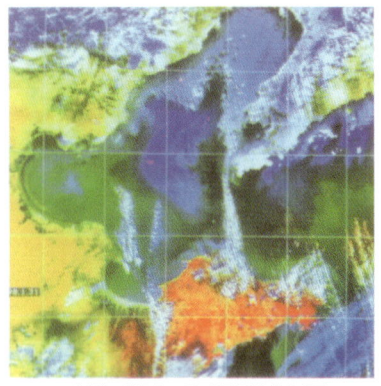

▲ 渤海航空遥感观测结果

海洋综合科学调查 ▲

◀ 海洋物理参数调查

序言

　　海洋是人类的母亲,也是人类千万年来取之不尽、用之不竭的巨大资源宝库。在人类赖以生存的蓝色星球——地球上,蔚蓝色的海洋占有约71%的总面积。

　　雄踞在这颗蓝色星球的东方、浩瀚无垠的太平洋西岸上的中华人民共和国,不仅拥有960万平方千米的陆地国土,而且还拥有300万平方千米的海洋国土,有着1.8万千米绵延曲折的海岸线。在这浩瀚的蓝色国土上,珍珠般地镶嵌着大大小小6500多个美丽而富饶的岛屿。

　　勤劳勇敢的中华民族,在古代就凭着自己卓越的智慧和创造力,伐木成舟,劈波斩浪,牵星观月,远渡重洋,以举世瞩目的海洋文明跻身于世界航海强国的民族之林。

　　21世纪是海洋的世纪,21世纪的主人翁就是今天的青少年朋友。他们不仅是我国的未来和希望,而且必定是21世纪振兴经济和提升海洋科技的主力军。海洋将是青少年朋友报效祖国、振兴中华民族大显身手的辉煌舞台。只有帮助青少年及早地以科学的眼光认识世界的发展,科学地把握未来,早日加入到海洋开发建设的队伍中来,才能更好地发展我国的海洋经济,捍卫我国的海洋权益。未来是海洋的时代,只有让广大的青少年了解海洋、接近海洋、认识海洋,才能把握海洋、开发海洋、利用海洋和捍卫海洋权益,为祖国的海洋开发建设作贡献,为中华民族的子孙后代造福。为了提高中华民族的海洋文化素质,再铸中华民族海洋文明的辉煌,使我国成为21世纪的海洋强国,有识之士必须从现在做起,从青少年抓起,全面培养我国青少年的海洋意识,普及海洋科学知识,提高海洋科技技能,增强蓝色国土观念和捍卫海洋权益的责任感、使命感。从这个意义上说,在人类进入21世纪的伟大时代,在全球开始创造海洋经济的伟大时刻,在世界日益关注海洋权益的今天,出版这套经过缜密修订的全面、系统、科学地介绍海洋知识的《海洋小百科全书》,无疑是奉献给我国青少年朋友的一份珍贵礼物,是激发青少年的海洋兴趣、增长海洋知识、普及海洋文化、宣传海洋文明、提高海洋素质、促进海洋教育所做的一件功在当代、利在千秋的非常具有实践成就和指导意义的工作。

绚丽多姿的海洋召唤着青少年朋友们去探索和揭秘,无穷无尽的海洋宝藏等待着有志于海洋事业的青少年朋友们去开发和利用。这套图文并茂、深入浅出的《海洋小百科全书》,必将以丰富的知识性、深刻的思想性和高雅的趣味性,成为青少年朋友在蓝色海洋里成长、成才的良师益友。

祝愿青少年朋友读完这套书后能够早日成为大海的骄子,为把祖国建设成伟大的海洋经济强国和海洋科技强国贡献自己宝贵的青春和智慧。

国家海洋局局长:

2010年4月6日

海洋水文

目 录

一、多姿多彩的海洋

1. 什么叫海洋? ……………………………… (2)
2. 海与洋有什么不同之处? ………………… (2)
3. 海洋的面积有多大? ……………………… (3)
4. 地球上有多少海水? ……………………… (4)
5. 世界上海洋与陆地的分布有什么特点? … (4)
6. 世界上有几大洋? ………………………… (5)
7. 为什么说太平洋是世界上第一大洋? …… (6)
8. 世界上第二大洋是哪个洋? ……………… (7)
9. 世界上最小的洋是哪个洋? ……………… (7)
10. 四大洋的分界在哪里? …………………… (8)
11. 太平洋"太平"吗? ………………………… (9)
12. 太平洋会消失吗? ………………………… (10)
13. 大西洋的名字是怎么来的? ……………… (11)
14. 大西洋的气候和盐度有什么特点? ……… (12)
15. 印度洋有什么特点? ……………………… (12)
16. 印度洋的名称是怎样来的? ……………… (14)
17. 你了解南大洋吗? ………………………… (14)
18. 大洋中也有明显的春、夏、秋、冬之分吗? …… (15)
19. 世界大洋最深的地方在哪里? …………… (16)

20. 大洋海水上下翻动一次要用多少时间？……（16）
21. 海是如何分类的？……（16）
22. 海水究竟有多深？……（17）
23. 海水为什么会不停地运动？……（18）
24. 世界上有多少个海？……（18）
25. 世界上最大的海是哪个海？……（19）
26. 世界上最小的海在哪里？……（19）
27. 世界上最深的海是哪个海？……（20）
28. 哪一个海是世界上最浅的海？……（20）
29. 世界上哪个海最古老？……（21）
30. 世界上最年轻的海是哪一个？……（22）
31. 世界上最大的封闭性内陆海是哪个海？……（23）
32. 哪个海是世界著名的洋中之海？……（23）
33. 世界上最咸的海在哪儿？……（24）
34. 世界上最淡的海在哪里？……（24）
35. 世界上面积最大的10个海是哪些？……（25）
36. 与我国濒临的海有哪些？……（26）
37. 哪些海区属于中国近海？……（27）
38. 世界上有多少个东海？……（27）
39. 死海是"死亡之海"吗？……（28）
40. 在哪个海游泳不会被淹死？……（28）
41. 死海还能"复活"吗？……（29）
42. 地中海是什么海？……（30）
43. 为什么说里海是海？……（31）
44. 咸海的水真的很咸吗？……（31）
45. 红海为什么这么咸？……（32）

46. 波罗的海的盐到哪里去了？……………………（33）
47. 白海和黑海的名字是怎么来的？………………（34）
48. 黑海的海水为什么发黑？………………………（35）
49. 红海是红色的海吗？……………………………（36）
50. 红海是未来的大西洋吗？………………………（37）
51. 东海真有"龙宫"吗？……………………………（37）
52. 我国的黄海有多大？……………………………（38）
53. 我国的渤海有多大？……………………………（39）
54. 我国的南海面积有多大？………………………（39）
55. 加勒比海在哪里？………………………………（40）
56. 陆间海为什么又叫作"地中海"？………………（41）
57. 马尾藻海为什么被看作是"魔海"？……………（42）
58. 公海是公共的吗？………………………………（43）
59. 东西伯利亚海在哪里？…………………………（43）
60. 菲律宾海在哪里？………………………………（44）
61. 你知道南极的"魔海"吗？………………………（44）
62. 南极的"魔海"有哪些"魔法"？…………………（45）
63. 国际海洋年是哪一年？…………………………（46）

二、海洋的自然神韵

64. 什么是海洋学？…………………………………（49）
65. 什么是物理海洋学？……………………………（49）
66. 什么是海洋水文学？……………………………（50）
67. 什么是平均海平面？……………………………（50）

68. 什么是海洋气象要素和海洋水文要素？……（51）
69. 海洋水文要素有哪些"特殊本领"？……（51）
70. 大洋的表层水温有何变化规律？……（52）
71. 海洋中的温度是怎样分布的？……（53）
72. 世界大洋的海水蒸发速度一样吗？……（54）
73. 为什么深层海水温度低？……（54）
74. 海洋深处的水是怎样热起来的？……（55）
75. 大洋里的海水盐度是怎样变化的？……（55）
76. 中国海的温度、盐度跃层是怎样生成和发展的？……（56）
77. 什么是水团？……（57）
78. 大洋底层水是怎样形成的？……（57）
79. 潮流是怎样流动的？……（58）
80. 我国海区潮流状况如何？……（59）
81. "天下奇观"指哪一大潮？……（59）
82. 钱塘涌潮是如何形成的？……（60）
83. 钱塘涌潮的形成与天文因素有关吗？……（61）
84. 什么是海流？……（61）
85. 海流是怎么形成的？……（62）
86. 海流的家族有哪些？……（63）
87. 海流有破坏性吗？……（63）
88. 漂流瓶为什么可以万里传递信息？……（64）
89. 怎样按物理性质划分海流？……（65）
90. 赤道流系是怎样形成的？……（65）
91. 中国海区有哪些海流？……（67）
92. 海流只是沿水平方向流动吗？……（67）

93. 海流对航运有什么影响？……………………（68）
94. 全球最强劲的暖流在哪里？…………………（68）
95. 世界上最长的寒流在哪里？…………………（69）
96. 湾流是怎样被发现的？………………………（69）
97. 世界上最强大的海流在哪里？………………（71）
98. 世界上速度最快的潮流是哪一个？…………（71）
99. 湾流对气候的影响有多大？…………………（72）
100. 哪种海流是海洋中的涌泉？…………………（72）
101. 海洋中有环绕地球的海流吗？………………（73）
102. 海流对气候有什么作用？……………………（74）
103. 海流和生物有什么关系？……………………（75）
104. 海流与航运有什么关系？……………………（76）
105. 海流与军事有什么关系？……………………（76）
106. 中国海的环流是怎样分布的？………………（77）
107. 风生海流的方向为什么与风的方向
　　　不一致？………………………………………（78）
108. 什么是黑潮？…………………………………（79）
109. 黑潮的名字是怎么来的？……………………（79）
110. 黑潮的流量有多大？…………………………（80）
111. 黑潮的水是"黑"的吗？………………………（81）
112. 为什么黑潮是暖流？…………………………（81）
113. 黄海、渤海的海流为什么与黑潮有关？……（81）
114. 黑潮对南海有影响吗？………………………（82）
115. 什么是黑潮的"蛇形大弯曲"？………………（82）
116. 黑潮的"蛇形大弯曲"对气候有什么影响？…（83）
117. 黑潮对渔业生产有什么影响？………………（84）

118. 黑潮还有哪些谜没有揭开？……………（84）
119. 什么地方的海流流速最大？……………（85）
120. 什么是海洋潮汐？………………………（85）
121. 潮涨与潮落是怎样形成的？……………（86）
122. 海洋中的潮汐变化都一样吗？…………（86）
123. 引潮力是怎样被发现的？………………（87）
124. 潮汐现象只在海洋中出现吗？…………（88）
125. 海洋潮汐有什么规律？…………………（89）
126. 什么叫潮汐不等现象？…………………（90）
127. 潮汐是怎样分类的？……………………（91）
128. 哪儿的潮汐最特殊？……………………（92）
129. 怎样掌握涨潮落潮的规律？……………（92）
130. 中国第一部潮汐史何时问世？…………（93）
131. 潮汐静力学理论和潮汐动力学理论分别由谁创立？………………………………（94）
132. 中国海区的潮汐有什么特点？…………（94）
133. 中国哪个地方潮差最大？………………（95）
134. 钱塘江河口是怎样形成的？……………（96）
135. 世界上哪个地方的海潮潮差最大？……（97）
136. 世界上最大的涌潮在何处？……………（98）
137. 潮汐与军事有何关系？…………………（99）
138. 你知道什么叫假潮吗？…………………（99）
139. 海浪的形成和什么因素有关系？………（100）
140. 10级风的海浪有多大？…………………（100）
141. 海浪为什么会迎岸而来？………………（101）
142. 海上为什么会出现"无风也有三尺浪"的

局面？ …………………………………… (102)
143. 什么是波群？ ………………………………… (102)
144. 海洋中的波浪是怎样产生的？ ……………… (103)
145. 哪些海区的海浪最大？ ……………………… (104)
146. 为什么波浪到岸边要"出开"白色的浪花？ … (104)
147. 波浪是如何传播的？ ………………………… (105)
148. 海浪的威力有多大？ ………………………… (106)
149. 什么是"波浪杀手"？ ………………………… (107)
150. 海浪在水平和垂直方向上能传播多远？ …… (108)
151. 为什么会产生"疯狗浪"？ …………………… (109)
152. 风浪和涌浪的区别是什么？ ………………… (111)
153. 风浪能影响到多深的海底？ ………………… (111)
154. 什么样的波浪对海上航行的舰船会产生
　　　破坏性影响？ ………………………………… (112)
155. 波浪与海岸工程有何关系？ ………………… (112)
156. 波浪与航运有何关系？ ……………………… (113)
157. 海浪对海军舰艇有什么影响？ ……………… (114)
158. 拍岸浪对海军有什么影响？ ………………… (114)
159. 海滩坡度对海军有什么影响？ ……………… (115)
160. 海滩底质对海军登陆作战有什么影响？ …… (115)
161. "中国的好望角"在哪里？ …………………… (116)
162. 好望角为什么终年狂风巨浪？ ……………… (116)
163. 内波是怎样产生的？ ………………………… (117)
164. 内波与波浪有什么区别？ …………………… (118)
165. 内波的破坏力有多大？ ……………………… (118)
166. 内波在军事上的影响有多大？ ……………… (119)
167. 你听说过孤立波吗？ ………………………… (119)

168. 什么是海冰？ ………………………………（120）
169. 中国的海冰有什么特点？ …………………（120）
170. 海冰对人类有什么益处？ …………………（121）
171. 海水结冰与什么因素有关？ ………………（122）
172. 世界上哪几个地区海冰严重？ ……………（123）
173. 为什么海湾和河口区容易结冰？ …………（123）
174. 海水结冰有什么特点？ ……………………（124）
175. 大洋冰山是什么样子？ ……………………（125）
176. 世界上的冰山集中在哪里？ ………………（126）
177. 为什么两极海域会有冰山呢？ ……………（127）
178. 海冰与冰山冰是一回事吗？ ………………（127）
179. 北冰洋的海冰有什么特点？ ………………（128）
180. 海平面是平的吗？ …………………………（129）
181. 外力作用对海平面变化有什么影响？ ……（130）
182. 海平面为什么会上升？ ……………………（131）
183. 怎样控制海平面的上升？ …………………（132）
184. 海面可以凹下多少？ ………………………（132）
185. 马尔代夫会因气候变暖而失去家园吗？ …（133）
186. 为什么马尔代夫要考虑举国搬迁？ ………（134）
187. 古人有应对海平面上升的办法吗？ ………（134）
188. 为什么气候变化会使海洋变酸？ …………（135）
189. 海水升温促进北极甲烷气体释放会有
 什么危害？ …………………………………（136）
190. 里海的水位为什么上升？ …………………（137）
191. 水位变化对海军有什么影响？ ……………（137）
192. 黄河三角洲对人类有哪些贡献？ …………（138）

193. 黄河三角洲是怎样形成的？ ………… (139)

三、海洋与人类互动

194. 海洋中能看到哪些水文奇观？ ………… (141)
195. 海风为什么也有咸味？ ………… (141)
196. 沿岸海水为什么呈现黄绿色？ ………… (142)
197. 什么是"液体海底"？ ………… (142)
198. 海洋中为什么会产生"液体海底"？ ………… (143)
199. "液体海底"有什么负效应？ ………… (144)
200. 怎样巧妙地利用"液体海底"？ ………… (144)
201. 海底也会有瀑布吗？ ………… (145)
202. 为什么会形成海底瀑布？ ………… (145)
203. 海底下为什么会有风暴？ ………… (146)
204. 海洋中有"暖池"吗？ ………… (146)
205. 海洋中有"淡水井"吗？ ………… (147)
206. 海洋中为什么会出现"淡水井"呢？ ………… (148)
207. 海中也有"飞碟"吗？ ………… (148)
208. 海中"飞碟"是怎样产生的？ ………… (149)
209. 海上有"光轮"吗？ ………… (149)
210. 海上"光轮"是什么？ ………… (150)
211. 海中的"石老人"在等谁？ ………… (151)
212. 为什么说海洋是地球温度的调节器？ … (152)
213. 赤道上有"寒冷岛"吗？ ………… (152)
214. 赤道上为什么有"寒冷岛"？ ………… (153)

215. 为什么北冰洋夏季冰融化得比南极多？ …… (153)
216. 北冰洋最壮观的景色是什么？ ………… (154)
217. 北冰洋的冰真的会消失吗？ …………… (155)
218. 历史上何时开始科学海洋学时代？ …… (155)
219. 漂流理论是怎样发展起来的？ ………… (156)
220. 风生漂流理论是怎样发展起来的？ …… (156)
221. 我国海区深度基准面是何时确定的？ … (157)
222. 谁第一个提出了海拔高程的概念？ …… (157)
223. 怎样确定测算风暴潮高度的零点？ …… (158)
224. 中国海洋工作者何时开展古潮汐史料的整理与研究？ ………………………… (158)
225. 中国古潮汐史料的整理研究取得了哪些成果？ …………………………………… (159)
226. 潮高基准面与黄海平均海面是一个平面吗？ ……………………………………… (159)
227. 遥感技术海洋环境的一个重大发现是什么？ ……………………………………… (160)
228. 中国何时从中央电视台发布海洋环境预报？ ……………………………………… (160)
229. 中国何时向国内外播发海温、海浪传真图？ ……………………………………… (161)
230. 为什么要进行海洋水文预报？ ………… (162)
231. 什么是海水跃层？ ……………………… (162)
232. 水温对海洋水文研究的价值有多大？ … (163)
233. 海水温度的分布对潜艇活动有什么影响？ … (164)
234. 海水等温层的存在对军事活动有何意义？ … (165)

海洋水文

235. 什么叫海洋灾害？ …………………… (165)
236. 什么情况下会发生海洋灾害？ ………… (166)
237. 海洋灾害有哪几种？ …………………… (167)
238. 为什么说海洋灾害对我国的影响最为
　　严重？ …………………………………… (168)
239. 海洋灾害对我国造成的损失有多少？ … (168)
240. 潮灾与纬度变化有关系吗？ …………… (169)
241. 为什么要发布海洋预报和海洋灾害警报？ … (170)
242. 什么是风暴潮？ ………………………… (171)
243. 风暴潮是怎样分类的？ ………………… (171)
244. 怎样区别潮汐、风暴潮与海啸？ ……… (172)
245. 世界上哪些地区容易受到风暴潮侵袭？ … (173)
246. 世界上哪种海洋灾害对人类威胁最大？ … (173)
247. 什么是海啸？ …………………………… (174)
248. 海啸发生时的波浪有什么特点？ ……… (175)
249. 海啸灾害是怎样暴发的？ ……………… (176)
250. 为什么海啸波的能量衰减得慢？ ……… (176)
251. 为什么说我国发生海啸的可能性很小？ … (177)
252. 太平洋发生的海啸对我国沿海影响大吗？ … (178)
253. 海啸发生之后会怎样？ ………………… (178)
254. 我国目前能预报海啸吗？ ……………… (179)
255. 太平洋海啸警报系统是如何组建的？ … (180)
256. 历史上海啸的最大浪高有多少？ ……… (181)
257. 海啸的破坏力到底有多大？ …………… (181)
258. 你了解印度洋大地震引发的大海啸吗？ … (182)
259. 世界上哪些国家发生海啸比较多？ …… (183)

11

260. 海底"风暴"是怎样发生的？ …………………… (183)
261. 海浪预报是怎样制作出来的？ ……………… (184)
262. 海浪会造成哪些危害？ ……………………… (185)
263. 为什么说海浪是航海的主要敌人？ ………… (186)
264. 海冰的破坏力有多大？ ……………………… (186)
265. 什么是警戒水位？ …………………………… (187)
266. 风暴潮是怎样预报的？ ……………………… (187)
267. 如何预测海平面上升？ ……………………… (188)
268. 我国海区海平面变化情况如何？ …………… (189)
269. 海平面上升会引起哪些灾害？ ……………… (189)
270. 哪些因素会导致海平面上升？ ……………… (190)
271. 为什么"温室效应"是导致海平面上升的因素之一？ ………………………………… (191)
272. 海平面上升的数据及严重后果有哪些？ …… (192)
273. 未来全球海平面的变化趋势如何？ ………… (192)
274. 北极的冰与南极的冰融化后造成的危害一样吗？ ………………………………… (193)
275. 厄尔尼诺现象和拉尼娜现象是怎么回事？ … (193)
276. "厄尔尼诺"给人类带来哪些灾害？ ………… (194)
277. 哪一次"厄尔尼诺"现象最震惊世界？ ……… (195)
278. 赤潮是怎样发生的？ ………………………… (195)
279. 赤潮有什么危害性后果？ …………………… (196)
280. 渤海的污染状况如何？ ……………………… (196)
281. 渤海的环境恶化有哪些表现？ ……………… (197)
282. 我国哪个海区赤潮发生最频繁？ …………… (198)
283. 为什么赤潮多发生在春夏温暖季节？ ……… (199)

284. 人类的哪些行为迫使大海发出红色警告? … (199)
285. 赤潮常出现在哪些海区? …………………… (200)
286. 食用受赤潮污染的海产品对人体有没有
     危害? ………………………………………… (200)
287. 香港海区的赤潮生物有什么特点? ………… (200)
288. 肆虐粤港海域的赤潮是什么引起的? ……… (201)
289. 为什么粤港海域的赤潮越来越严重? ……… (201)
290. 海洋中出现"死亡地带"的原因是什么? … (202)
291. 网箱养殖为什么也是形成赤潮的重要
     原因? ………………………………………… (203)
292. 为什么长江洪水过后还要警惕长江口
     发生赤潮? …………………………………… (203)
293. 渤海发生赤潮的根本原因是什么? ………… (204)
294. 渤海发生大面积赤潮的主要生物是什么? … (204)
295. 人类目前能够预报赤潮的发生吗? ………… (205)
296. 有没有办法迅速消除赤潮的影响? ………… (205)

四、探测海洋的波脉

297. 什么是海洋常规观测? ……………………… (208)
298. 怎样选择常规观测点? ……………………… (208)
299. 怎样观察大海里的变化? …………………… (209)
300. 什么是海滨观测? …………………………… (209)
301. 我国设有哪些海洋观测站? ………………… (210)
302. 南沙也有海洋观测站吗? …………………… (210)

303. 南沙海洋站是怎样建成的？…………… (211)
304. 浮冰上能建考察站吗？………………… (212)
305. 北极浮冰上的第一个考察站是何时建立的？………………………………… (212)
306. 为什么要了解和掌握水温的变化？…… (213)
307. 水温观测的准确度要求是什么？……… (214)
308. 海冰观测包括哪些内容？……………… (214)
309. 什么是海冰监测系统？………………… (215)
310. 海冰的冰期是怎样规定的？…………… (215)
311. 为什么要进行海浪观测？……………… (216)
312. 怎样进行海浪观测？…………………… (217)
313. 用什么仪器观测海浪的变化？………… (218)
314. 验潮站是怎样工作的？………………… (219)
315. 为什么要进行潮位观测？……………… (220)
316. 潮位变化有什么规律？………………… (220)
317. 为什么要进行海流观测？……………… (221)
318. 如何进行海流观测？…………………… (222)
319. 海流观测应用哪些仪器？……………… (223)
320. 声学多普勒海流剖面仪的特点如何？… (224)
321. 厄克曼海流计是怎样诞生的？………… (225)
322. 为什么要进行近底层海流的观测？…… (225)
323. 大洋和浅海的观测要求有什么不同？… (226)
324. 水温观测的时次与标准层次是如何规定的？…………………………………… (227)
325. 我国在海洋观测中常用哪些测温计？… (227)
326. 什么是颠倒温度计？…………………… (228)

327. 遥感测温为什么受重视？……………………（229）
328. 为什么要进行透明度、水色、海发光的观测？………………………………………………（229）
329. 掌握水色、海发光及透明度有什么意义？……（230）
330. 谁最早发明了观测海水透明度的方法？……（231）
331. 怎样利用透明度盘进行观测？………………（231）
332. 水色的观测方法最早是由谁发明的？………（232）
333. 为什么要进行盐度测量？……………………（233）
334. 什么是内波声学观测？………………………（233）
335. 什么是内波卫星观测？………………………（234）
336. 海洋遥感观测有什么重要意义？……………（235）
337. 海洋遥感是怎样获取信息的？………………（236）
338. 你知道什么是海洋调查吗？…………………（236）
339. 现代的海洋调查系统是什么？………………（237）
340. 怎样在海上进行调查？………………………（238）
341. 海洋调查的主要任务是什么？………………（238）
342. 海上调查每天都要进行吗？…………………（239）
343. 中国何时进行了第一次多学科海洋调查？…（239）
344. 中国何时进行了第一次渤海及北黄海西部多船同步观测？…………………………（240）
345. 我国是如何进行近海海洋水文标准断面调查的？………………………………………（241）
346. 你了解中国海洋调查简史吗？………………（242）
347. 世界历史上最负盛名的单船走航调查是在何时？……………………………………（243）
348. 哪一次调查被誉为"近代海洋学的奠基性调查"？……………………………………（243）

349. 世界上哪次调查资料被称为"海洋调查的代表性资料"? ………………………………… (244)
350. 历史上哪一次调查被誉为"近代海洋综合调查的典型"? ………………………………… (244)
351. 单船走航调查时期的主要贡献是什么? …… (245)
352. 你知道多船联合调查时期的几次著名调查吗? ………………………………………… (246)
353. 多船联合调查时期取得了哪些成果? ……… (246)
354. 20世纪80年代后的海洋调查有什么特点? …………………………………………… (247)
355. 什么是"无人浮标站"? …………………… (247)
356. 锚定浮标在近代海洋观测中发挥了什么作用? …………………………………………… (248)
357. 漂流浮标与潜标是做什么用的? …………… (249)
358. 你了解取样技术吗? ………………………… (250)
359. 海洋调查船的特点是什么? ………………… (250)
360. "帕尔默"号极地考察船是什么样的? ……… (251)
361. 海洋水深测量有什么意义? ………………… (252)
362. 水深测量有什么技术要求? ………………… (253)
363. 海底测量使用哪些设备? …………………… (253)
364. 你了解海水移动探测海洋奥秘的仪器——ARGO浮标吗? …………………………… (254)
365. 我国的海洋浮标是什么时间投入使用的? … (255)
366. 立体海洋环境观测主要由哪几种方式组成? …………………………………………… (255)
367. 为什么说海洋监测是海洋环境保护的基础? …………………………………………… (256)

海洋水文

368. 你了解我国的海洋监测网吗? ……………(256)
369. 什么是多波束测深系统? ………………(257)
370. 什么是航空海洋遥感? …………………(257)
371. 卫星遥感对海洋学有什么贡献? ………(258)
372. 什么是卫星遥感? ………………………(259)
373. 印刷海流计有什么特点? ………………(260)
374. 照相型海流计的观测特点如何? ………(261)
375. 声学多普勒海流计有什么特点? ………(261)
376. 直读式海流计解决了什么问题? ………(261)
377. 什么是投弃式深温计? …………………(262)
378. 电子式温盐深自记仪(CTD)有何特点? …(262)
379. 什么是大面观测和断面观测? …………(263)
380. 什么是连续观测? ………………………(264)
381. 什么是同步观测与辅助观测? …………(265)
382. 我国进行过哪些国际海洋合作调查? …(265)
383. 为什么要进行中美热带西太平洋海气
   相互作用合作调查研究? ………………(266)
384. 中美热带西太平洋海气相互作用合作调查
   研究的主要成果有哪些? ………………(266)
385. 为什么要进行"中日黑潮合作调查研究"? …(267)
386. "中日黑潮合作调查研究"的主要成果
   有哪些? …………………………………(268)
387. 为什么要进行"中日副热带环流合作调查
   研究"? ……………………………………(269)
388. 为什么说全国海洋普查是我国最系统的
   一次调查? ………………………………(270)

编后记 …………………………………………（272）
《海洋小百科全书》分类目录 ………………（273）

海洋水文

多姿多彩的海洋

1. 什么叫海洋？

你一定喜欢大海吧？也许夏天你到海边去游过泳，乘坐小舟游览过海滨的风景，可是要问什么是海洋，你会怎样回答呢？

地球

实际上，海洋是指地球上广大而连续的咸水水体的总称。它的总面积约为3.61亿平方千米，约占地球表面积的71%。

有意思的是，假若你是坐在航天飞机上往下看，地球表面几乎都被海水包围了，可见，地球上水的面积要远远大于陆地的面积。因此，地球还有一个很好听的绰号，叫"水球"。

2. 海与洋有什么不同之处？

日常生活中，人们对海洋的认识是笼统和模糊的。从科学的角度来说，"海"和"洋"可以分开来讲，而且它们是代表着不同的概念。通俗地说，海洋的中心主体部分才叫作洋，而边缘附属部分则称为海。海与洋之间彼此连通，组成统一的海洋整体。海与洋有4个明显的区别：洋的面积大，约占海洋总面积的89%；海的面积小，只占海洋总面积的11%。海就像是串起来的珍珠一样排列在大陆和大洋、群岛和大洋之间;而洋则远离大陆,没有海岸而面积又极其广大,是海洋的主体。日常所说的"近海"和"远洋",就反映了人们对海和洋的一个基本认识。大洋深度大,平均水深一般都在3000米以上;而海的水深较浅,平均水深一般在2000米以下,有的只有几十米深;大洋有独立的洋流与潮汐系统,海则受大洋流系潮波的支配。大洋离陆地较远,受陆地影响小,水温、盐度与其他要素都比较稳定,水体的透明度大;而海则因与陆地连接,受大陆影响大,海洋要素随季节变化大,海水透明度也比较差。

有趣的是,我国大陆所濒临的水域均为海,而有的国家濒临的则是大洋。

3. 海洋的面积有多大?

由于海洋的形状极不规则,而且面积十分辽阔,要想把它的面积精确地测量和计算出来非常困难。尽管如此,科学家们运用了最先进的科技手段,历尽千辛万苦终

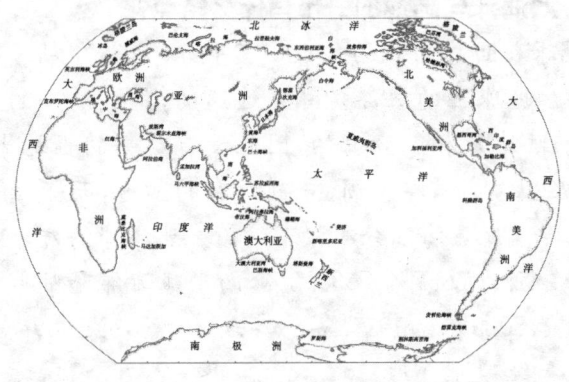

地球上的四大洋

于测算出:地球上的海洋面积是 3.61 亿平方千米,占地球总面积的 71％,是陆地总面积的 2.42 倍,相当于 40 个中国的国土面积那么大。

4. 地球上有多少海水?

俗话说:"人不可貌相,海水不可斗量。"茫茫大海,浩瀚无边,波涛汹涌,深不可测。那么,海水到底有多少呢?

其实,要精确地回答这个问题也是十分困难的。因为不仅水的形态多变,分布情况也极为复杂。根据粗略的计算,整个地球的水量,包括大气水、地表水和地下水,总共约有 14 亿立方千米。其中海水就约有 13.7 亿立方千米,约占地球总水量的 97％。如果能把地球上全部的海水集中起来,聚成一个大水球的话,它的直径大约可达 1400 千米呢。地球上其余的水绝大部分冻结在南极洲和格陵兰的冰盖中,河流、湖泊里的淡水还不足海洋水量的两千分之一,而大气层里的水蒸气只有海水的八万分之一。

5. 世界上海洋与陆地的分布有什么特点?

地球表面总面积约 51000 万平方千米,分属于陆地和海洋。地球上的海洋是相互连通的,构成统一的世界大洋;而陆地是相互分离的,因此没有统一的世界大陆。在地球表面,是海洋包围、分割所有的陆地,而不是陆地分割海洋。地表海陆分布极不均衡。北半球海洋和陆地的比例分别为 60.7％和 39.3％,南半球海洋和陆地的比例分别是 80.9％和 19.1％。如果以经度 0 度、北纬 38 度的一点和经度 180 度、南纬 47 度的一点为两极,把地球分为两个半球,海陆面积的对比达到最大限度,两者分别称"陆半球"和"水半球"。陆半球的中心位于西班牙东南沿海,陆地约占47%,海洋占53%;水半球的中心位于新西兰的东北沿海,海洋占89%,陆地占11%,这个半球集中了全球63%的海洋,是海洋在一个半球的最大集中。必须说明,即使在陆半球,海洋面积仍然大于陆地面积。陆半球的特点,不在于它的陆地面积大于海洋面积而在于它的陆地面积超过任何一个半球;水半球的特点,也不在于它的海洋面积大于陆地面积(任何一个半球都是如此),而在于它的海洋面积比任何一个半球都大。地球的两极也很有特点,在陆地集中的北极有一个北冰洋,而在南半球的南端有一个南极洲大陆。中国就位于地球的北半球上。

南、北半球

6. 世界上有几大洋?

在现代汉字中,"洋"字本身具有"盛多"、"广大"的意思,而海洋中的"洋"就是指那些四通八达、连绵不绝的广阔咸水水域。它们远离大陆,面积宽广,深度也很大,平均深度在3587米(不包括附属海),而且由于水深,海的颜色显得格外的蓝。大洋是人们看到的地球上最大的物体。地球表面广大的海洋被大陆分割成彼此相通的4个大洋,它们分别是太平洋、印度洋、大西洋和北冰洋。在4个大洋中,北冰洋的面积最小,太平洋的面积最大,它几乎占了全球海洋面积的一半。太平洋位于亚洲、大洋洲、南极洲、南美洲和北美洲之间;大西洋位于南北美洲、欧洲、非洲和南极洲之间;印度洋位于亚洲、非洲、南极洲和澳大利亚之间;北冰洋则被欧亚大陆和北美洲环绕。

7.为什么说太平洋是世界上第一大洋?

太平洋位于亚洲、大洋洲、北美洲、南美洲和南极洲之间,北部经白令海峡与北冰洋相连,东部经巴拿马运河

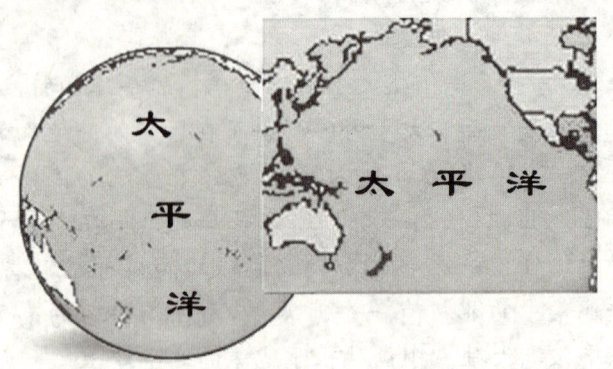

太平洋的轮廓

和麦哲伦海峡、德雷克海峡沟通大西洋,西部经马六甲海峡、巽他海峡等连通印度洋。太平洋的轮廓略呈椭圆形,南北最宽约15900千米,东西最宽处约19900千米,面积17967.9万平方千米,约占世界海洋总面积的一半和地球表面积的三分之一以上。包括边缘海在内平均深度为4000米左右,海水容积达到7亿立方千米。太平洋的最

深处在太平洋西部的马里亚纳海沟,深达11034米,为世界海洋最深点,如果把喜马拉雅山倒扣在这里也会被完全淹没。这片大洋论年龄是老大;它怀抱中的岛屿之多谁也比不了,太平洋可真称得上洋中的"大哥大"。

8. 世界上第二大洋是哪个洋?

与太平洋隔着南、北美洲大陆的另一片大洋叫作大西洋,是世界上第二大洋。大西洋的形状像一个庞大而又窄长的"S"形,它夹在西边的美洲大陆和东边的欧洲、非洲大陆之间。曲折的大西洋,它的南北全长和太平洋的长度相近,达16000千米,可它的宽度却远比不上太平洋,所以说,大西洋更像是一条举世无双的大"海峡"。虽说它9363万平方千米的面积比起"老大"太平洋来少了将近一半,但与印度洋相比,仍能称为地球大洋的"老二"。大西洋最窄的中部赤道地区,两岸间最短的距离只有2400千米。如果按平均水深排队的话,大西洋3627米的深度只能排在平均水深3897米的印度洋之后了。大西洋就像连接地球南北的一条弯曲走廊。假如试着在地图上将它的东西两部分陆地拼合起来,你就会发现它们几乎可以完全吻合。

9. 世界上最小的洋是哪个洋?

在世界大洋中,北冰洋是面积最小、平均水深最浅的一个大洋。它位于地球最北端,为亚洲、欧洲和北美洲所环抱,洋盆的形状几乎为圆形。它的面积约为1310万平方千米,约占世界海洋总面积的4.1%。海水容积为1806.9万立方千米,平均深度1296米,最大深度5527米。

以北极为中心,北冰洋的洋面上广泛分布着常年不化的冰盖。因为北冰洋主要位于北极地区,面积较小,又名"北极海"。北冰洋的面积相当于太平洋面积的十二分之一,平均水深也只相当于太平洋的三分之一。

地处北极区域的北冰洋不仅是最小的大洋,而且是最冷的大洋。北冰洋是北半球海洋中寒流的主要发源地,其中以东格陵兰寒流和拉布拉多寒流势力最强。北冰洋的边缘海有波弗特海、挪威海、巴伦支海。这里既有常年冰封的"永冰区",也有因大洋暖流而常年不冻的海洋,还有那无数冰雪覆盖的海岛以及浮冰和冰山、冰岛等等。身处北冰洋,极目远望,四周是一片千里冰封、万里雪飘的银色世界。

10.四大洋的分界在哪里?

地球上四大洋的界线是如何划分的呢?太平洋与大西洋的分界线是在南美洲最南端的合恩角(西经67度16分)到南设得兰群岛之间的最短距离上,也有人把这一界限划在70度经线上。但准确地讲,这条经线离合恩角尚有100多海里。太平洋与印度洋的分界线为:北部从马来半岛经苏门答腊岛、爪哇岛、帝汶岛、澳大利亚大陆至塔斯马尼亚岛一线的最短距离;南端从塔斯马尼亚岛的东南角沿147度经线至南极大陆。太平洋与北冰洋的分界线在白令海峡最窄处。大西洋与印度洋的分界线为:非洲南端的厄加勒斯角沿20度经线至南极大陆。大西洋与北冰洋的分界线为:从挪威西海岸(北纬61度)经设得兰群岛、法罗群岛、冰岛到格陵兰岛的南森角(北纬68

世界地图

度15分,西经29度30分)之间的最短距离。了解了这些知识之后,你就可以轻而易举地在世界地图中准确地划出它们的分界了。

11. 太平洋"太平"吗?

1520年年底,葡萄牙探险家麦哲伦率探险船队进行环球远航,一路狂风恶浪,终于渡过大西洋,从美洲南端的麦哲伦海峡进入了新的大洋。正巧这一天天气特别晴朗,洋面风平浪静,航行几十天都是如此,与大西洋的天天大浪滔天简直无法相比。船员们拍手称快,一致称赞这个"南大海"为"和平之海",太平洋的名字也就由此而来了。但是,太平洋上并不总是天天如此"太平"。作为世界第一大洋,它绝不可能像池塘、小溪那样"文静"、"安分"。俗话说,海上"无风三尺浪,有风浪千丈",太平洋也是如此。太平洋上呼啸的狂风和滔天的巨浪也往往会使航海人望而却步,特别是在寒流和暖流"交锋"的过渡地带和西风最为凶猛的西风带洋面,航行过的人无不具有闯"鬼门关"的感觉。实际上只有太平洋的中部才相对平静,可以平稳航行。

12. 太平洋会消失吗?

世界上离奇的事很多,好好的太平洋,它怎么能消失呢?这可不是"天方夜谭"。一切事物都在变化之中。太平洋是最古老的海洋。5亿年前的地球表面还是以太平洋为中心的一片古海洋和由现在的非洲、南美洲、澳大利亚、印度洋和南大西洋合成的一块巨大陆地,当时,现在欧亚大陆的大部分几乎全是汪洋。此后,太平洋却逐渐收缩,伴随着大西洋不断扩张。自三叠纪(2.25亿年前)以来,大西洋从无到有,不断扩大"领地";而太平洋却节节"败退",地盘越来越小。不久前,大地测量专家测量到,北美洲板块和欧亚板块正以每年约1.9厘米的速度相背漂移,也就是说,大西洋正在变宽。大西洋的隔壁就是太平洋,一个变宽了,另一个就非变窄不可。前些年,地质学家们大都认为,由于大西洋的面积不断增大,太平洋将来很可能会被迫消失,这事可能发生在1亿~2亿年之后。届时,美洲西岸会与亚洲东岸相撞,中间将升起一条无比雄伟的山脉。不用说,到那时中国可能会变成内陆国家。

大西洋真能把太平洋挤垮吗?美国芝加哥大学的一位地质学家利用电脑对地球上各片大陆将来的漂移情况进行了推算,结果发现,太平洋目前的收缩只是暂时现象,将来会对大西洋进行全面"反攻"。电脑模拟显示出:

海洋水文

1.5亿年后,大西洋可能会被太平洋挤成"小西洋",甚至还会消失掉呢!

地质学家发现,在今天的大西洋之前,地球上就曾有过一个古大西洋,它大约在5亿年前的早古生代就已存在,宽度有数千千米。可是,到了2.7亿年前的二叠纪时,这个古大西洋就消失了。太平洋和大西洋,究竟谁斗得过谁,还是看未来的事实吧。

13. 大西洋的名字是怎么来的?

关于大西洋,欧洲有个流传千百年的美丽传说。早年的大西洋,曾经是一个土地极为辽阔的"大西洲",洲上有个繁荣的"大西国"。"大西国"人口众多,文化灿烂,可与天堂相媲美。可是,这个美丽的地方却不知什么原因一夜之间沉到海底去了,取而

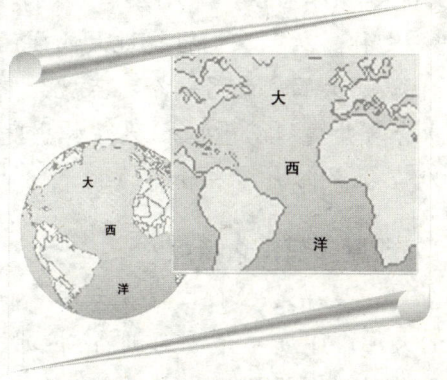

大西洋的轮廓

代之的是浩瀚无际的大西洋。这个动人的传说吸引了许多人到大西洋中去探险。1958年,英国的一艘海洋研究船将大西洋中的加里尼沙洲当作"古大西洲"进行了详细的考察和探测,结果却大大地令人失望。沙洲上不仅没有发现亭台楼阁,连有人居住过的痕迹也没发现。大西洋的名字是希腊史诗《奥德赛》中的大力神阿特拉斯起

的。传说阿特拉斯就居住在大西洋,他详知海洋的深度,并用石柱将天地分离。大西洋的汉译名则源于明代欧洲传教士编制的世界地图上的拉丁文字。

14. 大西洋的气候和盐度有什么特点?

大西洋的气候与别的大洋不同,南北的温度差异很大。大西洋的赤道地区终年月平均气温为25℃～26℃;而南北纬60度附近,最热月份的月平均气温分别为0℃和10℃,最冷月份的月平均气温分别为零下10℃和0℃。在南纬40度～60度的大西洋海区,每年约有狂风巨浪110天,素有"咆哮的40度"、"怒吼的50度"和"狂啸的60度"之称。所以人们将绕过大西洋的好望角航线称为"鬼门关"。大西洋的另一个特点就是它的盐度(每千克海水中含有盐类的总量),表层海水盐度为33～37,平均盐度为34.9,是四大洋中最高的。

15. 印度洋有什么特点?

印度洋是地球上的第三大洋,而且是地球上最年轻的大洋。印度洋介于亚洲、南极洲、大洋洲和非洲之间,面积约为7617万平方千米,约占世界海洋总面积的20%。它的平均深度为3897米,最大深度7450米(爪哇海沟),海水总容积为2.91亿立方千米。印度洋北部为封闭水域:东北部有马六甲海峡、苏门答腊岛、爪哇岛、新几内亚岛等岛屿,北部有亚欧大陆的印度次大陆、伊朗高原和阿拉伯半岛,东西有非洲大陆和澳洲大陆相对。它的南部是开放水域,东与太平洋、西与大西洋都有宽阔的水面相通,因而许多海洋学家也将环绕南极的水域划为南大洋。印度洋所属的海和海湾主要是红海、亚丁湾、阿曼湾、阿拉伯海、波斯湾、孟加拉湾、安达曼海、阿拉弗拉海、帝汶海、大澳大利亚湾等。印度洋的岛屿很少,其中的三个大岛分别为马达加斯加岛、索利特拉岛、斯里兰卡岛。

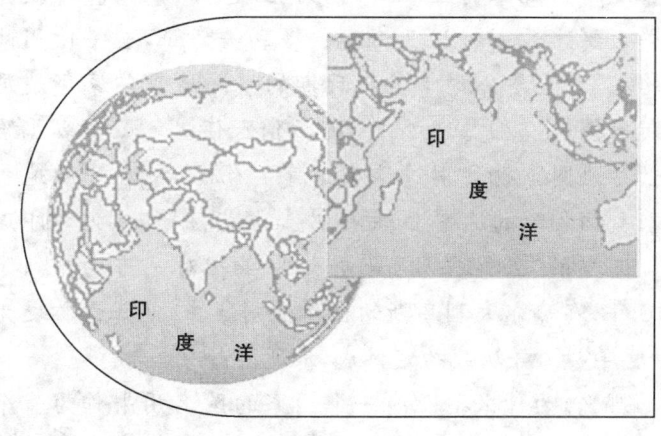

印度洋的轮廓

印度洋是地质构造极为复杂的大洋。印度洋洋底有一条"入"字形的海底山脉,这条山脉的各中央海岭是世界大洋中脊的组成部分。印度洋最显著的特点是它北部的海、湾发育着世界上著名的大型冲积堆。这种大型的冲积堆又叫深海扇,多由陆源堆积物组成。中新世中期以来,喜马拉雅山脉明显上升,为深海扇的形成提供了大量的堆积物。孟加拉深海扇从恒河—布拉马普特拉河三角洲向南延伸2000多千米,面积有200万平方千米,总体积达500万立方千米,是世界上最大的冲积堆。

16. 印度洋的名称是怎样来的?

公元1405—1433年期间,中国明代航海家郑和曾经7次率领庞大的船队,遍访南亚、西南亚和东非各国。郑和所到的西洋,实际上就是今天的印度洋。希腊人最早称印度洋为厄立特里亚海,意为"红色的海洋"。印度洋的得名要比厄立特里亚海晚得多。据考证,最早使用此名的人,可能是公元1世纪后期的罗马地理学家彭波尼乌斯·梅拉。在10世纪时,阿拉伯人伊本·豪卡勒编绘的世界地图上也使用过这个名字。1515年,在中欧地图学家舍纳编绘的地图上,把这片大洋标注为"东方之印度洋",这里的"东方"一词是与大西洋相对而言的。到了1570年,在奥尔太利乌斯的世界地图集中,就正式称之为"印度洋"了,并从此约定俗成,人所共知了。

那么,为什么把亚洲一个国家的国名用来作为一个大洋的名称呢?这是因为在古代,欧洲人对东方所知甚少,只知道东方有个神秘的国家印度,那里十分富庶。1497年,葡萄牙航海家达·伽马为了寻找通往印度的航路,绕过非洲的好望角进入这个大洋,因此,他们就把这个通往印度的广阔大洋称为印度洋了。

17. 你了解南大洋吗?

南大洋听起来很陌生,其实南大洋就是环绕南极大陆的水域。南大洋曾经有过南极洋、南极海、南冰洋等多种称谓。直到近年,国际上才多采用南大洋这一称呼。南大洋是指环绕南极洲的太平洋、大西洋、印度洋的一部分和其周围的威德尔海、罗斯海、阿蒙森海、别林斯高晋海等。有些科学家认为南大洋是不存在的,因为南大洋的北部并没有大洋界线,而有些科学家则认为以上水域气候特征相同,且在沟通三大洋使三大洋深层和底层保持含氧的低温环境方面具有重要意义,所以把它作为一个独立的水域研究更方便。南大洋的面积大约7700万平方千米,占世界大洋总面积的22%左右。

18. 大洋中也有明显的春、夏、秋、冬之分吗?

陆地上有春、夏、秋、冬的季节变化,大洋里是否也有明显的季节之分呢?事实上,大洋和陆地一样,季节性变化也非常明显。冬天,当大陆上天气寒冷、动物冬眠时,大洋会因受陆地气候的影响,表层剧烈地翻滚,使营养物质从深水层上升到表层。当春天到来的

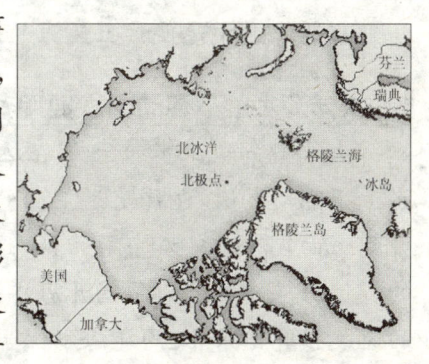

大洋的地形

时候,大洋由于营养丰富,作为浮游动物的食物的硅藻就迅速地繁殖起来。而在夏天,海洋表层变热,营养物质不能到达表层,因此浮游生物的消耗要比繁殖快得多。进入秋天,浮游生物又重新呈现出欣欣向荣的景象,这是因为在从夏到秋的季节变化中,将整个夏季因动、植物死亡而积聚起来的营养物质重新送到海洋表层的缘故。你看,虽然与大陆不同,但大洋中一年四季也有相应的变化呢!

19. 世界大洋最深的地方在哪里？

人们都知道大洋的水是很深的，而且可能还会有一种错觉，那就是认为大洋中央的水最深，而边缘处的水浅。其实不然，世界各大洋海水的最深处，都不在大洋的中央，而是在大洋边缘的海沟处。海沟的深度一般超过6000米。世界上最深的海沟是太平洋的马里亚纳海沟，它的最深处为11034米。如果把世界最高的山峰珠穆朗玛峰放在这里，还要淹没在水下2000多米呢！请记住，马里亚纳海沟才是世界上最深的地方。

20. 大洋海水上下翻动一次要用多少时间？

大家都知道海水每天都在运动，但是若说出大洋海水上下翻动一次，也就是说上面的水沉入海底，海底的水升到上面，需要多少时间的话，这真的是会把大家难住的。但海洋学家们为了揭开海洋之谜已经根据海水运动的速度推算出来，大西洋海水上下全部翻动一次需要400年，而太平洋海水这样翻动一次就需要1500年。同学们可以想象，海流能把13亿多立方千米的海水，从上万米深的底部翻转上来，这是一个多么了不起的杰作呀！

21. 海是如何分类的？

海还分种类吗？同学们一定会提出这样的问题。实际上，海只是一个通称。海是可以按所处位置的不同分为边缘海和内陆海的。那么，什么是边缘海？什么又是内陆海呢？位于大洋的边缘，以群岛、岛屿或半岛与大洋分隔，又以海峡或水道与大洋相通的水域，称为边缘海。

如南海、东海、黄海、珊瑚海等,都是太平洋的边缘海。伸入大陆内部,仅以海峡与大洋或外海相通的水域,称为内

内陆海

陆海。如波罗的海、渤海、地中海、加勒比海等。内陆海因伸入陆地,封闭性较强,海洋的环境要素的变化受大陆的影响也更显著。

22. 海水究竟有多深?

当你站在海边,遥望那波浪起伏的大海时,你会不会思考,海水到底有多深呢?可以这样说,要搞清这个问题,并不是一件十分容易的事情。因为,世界各地的海底也像陆地一样,高低不平。在海底,有巍峨的高山,有陡峭的峡谷,有宽广的平原,也有深邃的海沟……因此,海洋各地的深度也是各不相同的。面对这样复杂的海底地形,海洋科学家们历经了千辛万苦,克服了重重困难,获得了大量的海水深度实测数据,并经推算得出:地球上海水的平均深度是3795米左右。

23. 海水为什么会不停地运动?

海水是永不休止地运动着的。海水的运动主要受天文、气象、水文和地理等因素的影响。海水的运动形式是多种多样的,主要有潮汐、波浪、海流等。主要由于太阳和月亮的重力吸引,地球上的海洋形成了有规则的起伏运动——潮汐运动。天气的变化也会引起海面的不平静,狂风暴雨会使海面翻起滔天大浪。除此之外,海洋还会因定向风和由于受热、盐度等因素造成的海水本身密度不均匀而发生水平和垂直方向的流动,这种流动叫海流。海流在海洋中如同人的血液一样,首尾相通,循环不绝,整个世界大洋因此得以保持其各种理化因子的相对稳定。海水从一个海区流向另一个海区,使表层和深层水得到交流,使各海区的海水不断得到更新。特别是太平洋中的黑潮和大西洋里的墨西哥湾流,它们的流速都很大。黑潮每小时最快可流动7千米,每秒钟输送的水量达5000万立方米,比陆地上所有河流流量的总和还要大20倍。墨西哥湾流水量更大,每秒钟可输送5500万立方米的水量。

24. 世界上有多少个海?

根据国际水道测量局计算的结果,世界海洋中共有54个海,分属于四大洋,其中有些还是海中之海呢。太平洋附属的海有19个,其中最大的海是珊瑚海。珊瑚海的面积为479万平方千米,体积1147万立方千米,平均深度2394米,最大深度9140米。大西洋所属的海共计16个,其中最大的海是加勒比海。加勒比海的面积为275.4万平方千米,海水体积有 686 万立方千米,平均水深 2491 米,最深处达 7238 米。印度洋所属的海有 10 个,其中阿拉伯海最大,面积有 268 万平方千米,体积有 1007 万立方千米,平均水深 2734 米,最大深度 5203 米。北冰洋中有 9 个海,面积最大的是巴伦支海,为 140.5 万平方千米,体积最大的海是挪威海。

25. 世界上最大的海是哪个海?

世界上最大的海是位于太平洋的西南部、在澳大利亚东北岸的珊瑚海。珊瑚海是太平洋的边缘海,它的面积为 479 万平方千米,平均深度 2394 米,最大深度为 9140 米。珊瑚海因处于热带,又受暖洋流的影响,水温高、水质洁净,十分利于珊瑚的生长。海内分布有世界上最大的珊瑚堡礁和许多环礁,因而得名珊瑚海。

珊瑚海的地理位置

26. 世界上最小的海在哪里?

一提到海,人们通常都冠以"大"字。这是因为在人们的想象中,海都是非常辽阔的。但有一个海却是例外,与其他海相比较,它无论如何也称不上一个"大"字。当人们在这个海中航行时,可以清楚地看到它的两岸。这个海就是位于土耳其西部,处于亚欧大陆之间的马尔马拉海。马尔马拉海呈椭圆形,东西长约250千米,南北宽约70千米,面积仅有1.1万平方千米,还不到我国渤海的七分之一。如果说珊瑚海是海中的"巨人",那么,马尔马拉海则是海中的"侏儒"。

马尔马拉海的东北面通过长29千米的博斯普鲁斯海峡与黑海连结,西南面通过长65千米的达达尼尔海峡与地中海相通,自古以来就是黑海沿岸国家通向地中海、进入大西洋和印度洋的唯一水道。著名的古城伊斯坦布尔位于马尔马拉海北岸博斯普鲁斯海峡入口处,成为扼守亚欧两大洲之间海陆交通的枢纽之地,具有重要的战略意义。

27. 世界上最深的海是哪个海?

若问世界上最深的海是哪个海,应该这样回答:若指最大深度,世界上最深的海当属珊瑚海,珊瑚海9174米的深度是值得"自豪"的。若论平均深度,世界上最深的海应是南极洲附近的斯科舍海。斯科舍海的平均深度有3400米,而珊瑚海的平均深度却只有2394米。若把大洋也考虑在内,那世界上最深的海应属太平洋了。在太平洋西部海域,超过1万米深的海沟有6个,其中最深的马里亚纳海沟长约2550千米,宽70千米,最深处在关岛西南面的斐查兹海渊,深度为11034米。这个深度是人类迄今所知的海洋最深点了。

28. 哪一个海是世界上最浅的海?

其实,世界上最浅的海就在那片最小的海——马尔马拉海的附近。隔着黑海与马尔马拉海遥遥相对的东北方向,有一片面积比马尔马拉海大不了多少的海域——亚速海,它的最大深度只有14米,平均深度才8米!甚至还不如许多大河、湖泊及水塘的水深呢。尽管亚速海3.84万平方千米的海面要比马尔马拉海大将近3倍,但它仍然属于海中"小字辈"。这么浅的海,巨型货轮是不能在海上行驶的。

你可别小看这又小又浅的亚速海,虽然比起它南面的邻居黑海来要小得多,可是它的鱼产量却要大大超过黑海。由于亚速海盛产棱鲱、棱鲈、鳎等鱼类,使它成了俄罗斯和乌克兰的重要渔场。

29. 世界上哪个海最古老?

海也是有年龄大小之分的。你知道世界上最古老的海,也就是年龄最大的海是哪一个海吗?它就是地中海。地中海是世界上最大的陆间海,东西长4000千米,南北宽1800千米,面积约251.6万平方千米。地中海西边有直布罗陀海峡,穿过它就可进入大西洋;东边可以通过苏伊士运河进入印度洋;东北部通过达达尼尔海峡、博斯普鲁斯海峡与黑海相连。按照板块学说,海洋的成长与演化分为

大浪滔天

若干个阶段,地中海属于终结期海的代表。它是古地中海的残存水域。

地中海气候独特,夏季干热少雨,冬季温暖湿润。这种气候使得周围河流冬季涨满雨水,夏季干旱枯竭。由于它特定的地理气候环境,它的蒸发量远大于降水量与径流量之和,长期的高蒸发使地中海的盐度高达38。地中海的海水从直布罗陀海峡下层流入大西洋,流量约168万立方米/秒,而大西洋的海水则由海峡上层注入地中海,流量高达175万立方米/秒。

地中海是大西洋的附属海,但是它比大西洋的"资格"还老。大约在6500万年以前,古地中海是一片辽阔的水域,被称作特堤斯海。它的范围很大,向东穿过喜马拉雅山,直通古太平洋。那时,它的面积仅次于太平洋,而大西洋还没形成呢!

30. 世界上最年轻的海是哪一个?

海洋地质学家们普遍认为,红海是世界上最年轻的海。大约在2000万年前,红海首先在北部形成,在距今300万年~400万年前,今日的红海中轴地壳发生张裂,海水入侵,出现了亚喀巴湾及南部海区。也就是说,现在的红海实际上是在300多万年前出现的。其后,红海海底继续扩张,裂谷不断拓宽,红海中轴处新生的洋壳不断将古老的岩石基底向两侧推移。今天,人们在红海海底可以观测到,随着逐渐远离中轴,两翼海底岩石的年龄也在逐渐增大,从300万年一直增至2000万年。

31. 世界上最大的封闭性内陆海是哪个海？

内陆海，顾名思义，就是在大陆深处的海。位于欧亚大陆之间的里海，形似海豹，面积约为40万平方千米，是世界上最大的封闭性内陆海。里海的沿岸有俄罗斯、哈萨克斯坦、土库曼斯坦、伊朗和阿塞拜疆等国家。过去，人们常把里海当成咸水湖看待。实际上，据科学考证，里海是古地中海的一部分，原先与黑海、地中海、亚速海相通，直到中新世晚期，才逐渐变成封闭性的内海。里海的名字也就来源于它在内陆深处，不与其他海洋相通的缘故。"里海"这个名字起得非常形象，不是吗？

32. 哪个海是世界著名的洋中之海？

洋中之海，顾名思义，就是环绕于大洋之中的海。世界上真的有这种奇怪的海吗？回答是肯定的，它就是世界上著名的马尾藻海。马尾藻海位于北大西洋的中心，即北纬30度～35度，西经40度～75度之间，四周为北大西洋环流所围绕。马尾藻海水深在1700米左右，在这个海域海流极弱，水温高达18℃～23℃，盐度一般为37。由于此海为高温高盐区，加之周围海流的封闭作用，海水交换很慢，所以，还出现了一种更奇特的现象，那就是它的海面水位比四周高，整个海区就像一个巨大的凸透镜扣在北大西洋上。该海区由于生长漂浮着大量的马尾藻而得名。

这片大海，虽然离美国的东海岸不远，却被一股从墨西哥流过这儿的暖流阻隔开；另外一股北赤道暖流，又把它和巴哈马群岛分开；它的东北方还有一条加那利寒流。

这3条洋流就像3只巨龙,把马尾藻海团团围住,使它成为世界上唯一一个没有海岸却又是在海中的海了。

33. 世界上最咸的海在哪儿?

大家都知道,海洋里水的味道是咸的。为什么会这样呢?这是因为海洋里溶解、积累了大量盐分的缘故,不过,世界各地海水的含盐量并不都一样,我们就先来看看那最咸的海吧。

在亚洲大陆西部的阿拉伯半岛和非洲大陆东部之间,"夹着"一条长长的水面,足有2000千米的长度和45万平方千米的面积。从高空往下看去,这片水面就像一只巨大的蜗牛斜卧在两块大陆之间。"蜗牛"头上的两只"触角"分别是北面的苏伊士湾和亚喀巴湾,南面的"尾巴"是曼德海峡,长长的水面的盐度达40以上,它就是世界上最咸的海——红海。

34. 世界上最淡的海在哪里?

海水因地理位置不同,含盐量也不相同。世界上最咸的海是红海,那世界上含盐量最低的海是哪个海呢?沿着苦涩的红海一直向北,来到北纬60度附近时,向西望去,就会发现不远处也有一片狭长的水面斜卧在欧洲大陆的北部,这就是波罗的海,也就是能"尝"到最淡的海水的地方。波罗的海是欧洲北部的内海,四面几乎为陆地环抱,仅西部通过厄勒海峡、卡特加特海峡和斯卡格拉克海峡等与北海相通。波罗的海的德语意思是东海,它的周围分布着瑞典、芬兰、俄罗斯、波兰、德国和丹麦等许多国家,是著名的国际航运海域。它的面积比最咸的红海稍小一些,为42万平方千米。为什么波罗的海的水是淡的呢?原来,波罗的海的形成比较特殊,它是最后一次冰期结束时冰川大量融化后形成的。波罗的海与外海海水交换不大,又有大小250条河流注入,加以气候寒冷,蒸发量小,因而成为世界上含盐量最低的海。

平静的海岸

波罗的海的盐度只有7到8,比起大洋平均35的盐度来可低了好多,而在它内部的几个海湾盐度更是低到只有2左右,如此低的盐度已经和淡水相差无几了,所以说,波罗的海才是世界上最淡的海。但有一点应该注意,那就是波罗的海深层海水的盐度较高,这是由于含盐量较高的北海海水流入造成的。

35. 世界上面积最大的 10 个海是哪些?

地球上一共有54个海,如果要将它们的名称和大小都记下来,确实不易。为了记忆上的方便,这里我们把海域面积达到100万平方千米以上的10个海分列出来,它们是:珊瑚海(479.1万平方千米)、阿拉伯海(386.3万平方千米)、南海(340万平方千米)、威德尔海(289万平方千米)、加勒比海(275.4万平方千米)、白令海(230.4万平方千米)、地中海(210.5万平方千米)、鄂霍次克海(159万平方千米)、巴伦支海(140.5万平方千米)、塔斯曼海(123万平方千米)。

36. 与我国濒临的海有哪些?

打开地图,我们可以清晰地看到,我国大陆的东部和南部被许多蔚蓝色的大海包围着。那么,毗邻我国大陆边缘的海有哪几个呢?它们是渤海、黄海、东海和南海。这4个海海域相连,纵贯温带、亚热带和热带,自北向南呈弧状分布,东临浩瀚的太平洋。4个海域中渤海的面积最小,它由辽东湾、渤海湾和莱州湾构成。黄海位于渤海海峡的外侧,西临山东半岛和苏北平原,东边是朝鲜半岛,北端是辽东半岛,东南部以长江口与济州岛连线同东海相连。东海是我国东部的一个边缘海,它北从长江口与济州岛连线同黄海接壤,南以福建、广东两省分界线至台湾省南端的鹅銮鼻连线与南海为界,东邻琉球群岛与太平洋相隔。

南海是濒临我国陆地最大的一个海,是世界第三大海。它是一个比较完整的深海盆地,四周几乎被大陆、半岛和群岛所包围。它的北面为我国大陆,东边是菲律宾群岛,西边为中南半岛,南面有加里曼丹与苏门答腊等岛。

37. 哪些海区属于中国近海?

喜欢从事海洋科技活动的同学们常常会听到这样一个术语"中国近海"。那么,"中国近海"到底指哪些海区呢?"中国近海"泛指的是邻近中国的海区,它包括5个自然海区,除渤海、黄海、东海和南海海区外,还有我国台湾省东岸直接濒临的"台湾以东太平洋海区"。国外所称"东中国海"有的是专指东海海区,有的还包括黄海海区,而渤海海区又被视为黄海的一个海湾;国外所称"南中国海"则专指南海海区了。

38. 世界上有多少个东海?

大家已经知道,东海是我国的边缘海之一,北面与黄海毗连,西靠上海市、浙江省和福建省,东由日本九州、琉球及我国台湾省环抱,南以福建、广东两省交界处至台湾南端的鹅銮鼻连线与南海分界,面积为79.84万平方千米,平均水深为370米左右,是一个较宽阔的浅海。东海海域共有大小岛屿3700多个,占全国岛屿总数的一半以上。东海因位于中国大陆以东而得名。然而在世界上,叫东海的海可不止一个呢。在亚洲,还有另外3个海域被命名、曾命名或自行命名为东海。一是位于帝汶岛东南与澳大利亚西北的帝汶海;二是介于亚洲大陆同日本群岛之间的日本海,在朝鲜近代文献和地图上,日本海曾被命名为朝鲜海或东海;三是鞑靼海峡及其附近海域,在中国历史上也曾称之为东海(一直未被承认)。在欧洲还有一个海域,环绕它的9个国家中有4个称它为东海,它就是波罗的海。

39. 死海是"死亡之海"吗?

首先,所谓的"死海"并不是海,它不与海洋相通,实际是个咸水湖。死海湖的地理位置比较特殊,它的湖面一般海拔为负 400 米,是世界陆地表面的最低点。

死海的东西两岸都是高达几百米的悬崖绝壁,北部是泥泞地,南部是沮洳地,附近分布着荒漠、砂岩和石灰岩层。千百年来,河流夹带着大量矿物质流进死海并沉积下来,加之这里的气候炎热干燥,湖水大量蒸发,水中所溶解的盐类积聚在湖内,长年累月,使死海的含盐量越积越多,成为高浓度的咸水湖,为一般海水浓度的 6 倍至 9 倍,成为世界上最咸的湖。死海的水呈蓝色,水不仅苦咸,还比一般海水粘。在炎炎烈日之下,沿海一带析出一片白色晶莹光亮的盐晶。在这样的环境里,生物是很难生存的,所以,死海里既没有水草,也没有鱼虾,连四周也是寸草不生,飞鸟不至,一片荒凉。看来"死海"之名真是名不虚传呢。但是,近年来通过科学考察,在死海中发现有耐盐的细菌和藻类,由此可见,死海也并不是完全没有生命的。

40. 在哪个海游泳不会被淹死?

当你不会游泳时,在海里游泳是非常危险的,但是,在死海里游泳却没有任何危险。美国作家马克·吐温曾经对死海做过这样的描述:"在死海中游泳是多么有趣啊,我们绝不会沉下去,你还可以挺直你的身体,把头完全抬起来,舒舒服服地在水面仰睡着,并且还允许你撑开伞,挡住炎热的太阳。"为什么死海对游泳的人这么"照

顾"呢？原来，物体在水中受到的浮力同水的比重有关系。死海的水质含矿物质多，水的浮力相当大，人能漂浮在水面上，不会沉溺。人能躺在死海上睡觉、看书、聊天，每当在死海上休息时，人们会感到比躺在床上还舒服呢。

41. 死海还能"复活"吗？

千百年来，死海的水面一直呈下降趋势。近些年来，由于地表径流补给的减少，死海水面的下降加快了。照这样发展下去，死海的命运只有一个——死亡、干涸。为了挽救死海枯竭的命运，使死海"复活"，经科学家论证，唯一的办法是开凿一条连接地中海的隧道，让地中海的水补充死海的蒸发和损失，同时还可利用地中海同死海之间390多米的落差进行发电。现在，一条沟通地中海与死海的地下水道已经建成了。这条隧道长110千米～120千米，有些地方在地下达到550米深。在濒临地中海的隧道入口处，由泵站把海水灌入直径5米的倾斜隧道，临近死海的出口处是一段急转直下的压力水道，水流可推动4台总发电量为57万千瓦的涡轮发电机组发电,然后进入死海。因此,我们可以相信,不久的将来,死海行将复活。

42. 地中海是什么海?

地中海位于欧洲、亚洲、非洲三大洲之间,为大陆所环抱。西面经直布罗陀海峡与大西洋相连,东北经伊斯坦布尔海峡(博斯普鲁斯海峡)、达达尼尔海峡与黑海相连。地中海东西长约4000千米,南北最宽处达1800千米,总面积为251.6万平方千米,相当于5个法国的领土。地中海平均水深达1494米,最大深度为5530米。这样的深度、宽度在陆间海中是少见的,因此它是世界上最深、最大的陆间海。

地中海地形图

地中海位于干旱地区,这里终年气温较高,气候干燥而降雨量少。据统计,地中海地区的水分年蒸发量达4168立方千米,超过了年降水量与江河径流量之和的10倍。因此,有人推断:如果没有大西洋的海水流入,也许不用1000年,地中海就会彻底干涸,变成一个长3218千米、宽1738千米、深5530米的特大深坑,就像加利福尼亚的死谷那样。

43. 为什么说里海是海？

我们都知道,"湖"和"海"的区别是它与外海是不是有连通的海峡口,里外海水相通的就是海,不然的话只能叫"湖"了。可是,位于亚欧大陆之间的里海到底姓"海"还是姓"湖",却让人们争论不休。这是为什么呢？如果只从地图上看里海,你肯定会说那是一个巨大的内陆湖,因为它周围没有任何与海相通的地方,连许多专家都是这样认为的。

里海南北长120万米,东西宽约32万米,面积足有37.11万平方千米,比起美国和加拿大之间的苏必利尔湖还要大4倍多呢。仅从这点来看,认它为"海"也不为过,并且它还有许多和海相像的地方。首先,它的水质是咸的,盐度达13,比起波罗的海要咸许多；其次,里海的许多动物和植物都是海洋型的,而且既有地中海型的,也有大西洋型的,甚至还有北冰洋型的动物。这些都说明,里海曾经和海洋相连通过。

经过多年的勘察考证,人们终于确认,里海曾经就是古地中海的一部分。它是通过黑海、亚速海还有地中海,最终和大西洋相连的。一直到6000多万年以前,由于地壳的变动才渐渐地与外海"告别"。就是现在,里海南部的海水仍然和大西洋底层的海水特征十分相像。所以,大多数海洋学家还是认为里海姓"海",不姓"湖"。

44. 咸海的水真的很咸吗？

说起咸海,人们一定会以为咸海的水比其他海的水咸。其实不然,咸海并不是因为海水咸而得名的。

咸海是中亚地区的内陆海,在里海以东,位于哈萨克斯坦和乌兹别克斯坦两个国家之间。它的海拔高度52米,南北最长430千米,东西290千米,面积66458平方千米,平均深度21米,在西海岸最深处达70米,总容积1063立方千米。海中散布着1000多个小岛。

咸海是在上新世(700万～250万年前)末期形成。从更新世(250万～1万年前)以后,锡罗河与阿姆河的河水注入咸海,使水位保持不变。咸海的气候属沙漠大陆型。平均气温:1～2月,北部为零下12℃,南部为零下6℃;7月,北部为23.3℃,南部为26.1℃。7月份水温为23℃～25℃;11～12月水温为零下0.7℃,海面冰冻。咸海地区全年降雨量100毫米,海水蒸发量与流入量大致相同,但从长时间来看,水面有逐步下降的趋势。咸海海水的盐度是8～15,含盐量比大洋水的含盐量低很多。也就是说,咸海的海水还没有通常大洋的海水咸呢。

45.红海为什么这么咸?

世界上最咸的海——红海的盐度竟然高达40,简直太咸了!可是,你们知道它为什么这么咸吗?

看一看它的地理位置和地层结构就会一目了然了。红海的地理位置是处在热带和亚热带地区,在强烈的阳光照射下,海水的蒸发特别厉害。在那里,每年海水的蒸发量要远远高于全年下雨补充的水量,要不是从印度洋流入红海的水量超过从红海流出的水量,红海恐怕早就被"晒"干了。但是,从大洋里流进红海的也是含盐的咸水,而从红海海面"飞"走的水却是不含盐的淡水。如此年复一年地循环下去,红海就不得不变得越来越咸了。

红海海水如此之咸还有另外一个重要的原因:在20世纪60年代,科学家们在红海的海底发现了几个大裂口,那里的水温和盐度都特别高。经过分析,人们认识到红海是一个"年轻"的、"正在长大"的海。它的海底就像不断张开的"伤口",从中涌出的灼热的熔岩加热了沿着裂缝渗透下去的海水。当这些海水重新升出海底时,又把熔岩中的盐类和矿物质带到上面的海水中,这就使得本来盐分就很高的红海"咸上加咸"了。

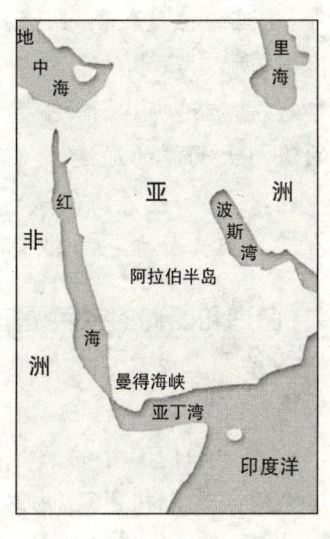

红海地形图

46. 波罗的海的盐到哪里去了?

在人们的印象中,海水都是又苦又咸的,而波罗的海的盐度却和淡水相差无几,人们不禁要问:波罗的海的海水为什么这么淡?波罗的海的盐都到哪里去了呢?原来,和红海一样年轻的波罗的海成因与红海不同,并不是海底扩张造成的。在最后一次冰河时期结束时,这里因大量冰川融化成水变成了汪洋一片。后来,大水向北极退去,剩下的冰水留在了低洼的谷地,便成了波罗的海的前身。要知道,海冰的含盐量总是比海水要低许多,这样,波罗的海在诞生之初就获得了大量低盐的淡水。另外,这里的纬度较高,阳光照射的强度和时间都比红海低得多,所以,海水的蒸发量很小。不仅如此,这一带雨水丰富,河流遍布,又给它带来了大量的淡水。再加上波罗的海与大西洋的通道——斯卡格拉克海峡和卡特加特海峡既窄又浅,使外海的咸水很难流进来。你们看,这么多有利的因素加在一起,波罗的海的海水还能咸得起来吗?

47. 白海和黑海的名字是怎么来的?

世界上成双成对的地名很多,白海和黑海就是有趣的一对。

关于白海名字的来源,人们有两种说法。一种认为,这个海位于北极附近,海边覆盖着皑皑冰雪,海上漂浮着白色的冰山,使海水看起来呈现为一片白色,因而得名白海。另一种说法认为,在当地的方言中"白"表示北方,白海意为"北方的海"。

应该说,第一种说法比较可信。白海位于俄罗斯西北部,是北冰洋的边缘海之一,它通过戈尔洛海峡与北冰洋相通,受北冰洋水文气象因素影响较大。因为它位于高纬度地带,冬季漫长寒冷,一年中约有200多天被白色冰层覆盖,所以这里的整个海区一片白色,白海之名也就由此而来了。

黑海是欧洲东南部介于欧亚两洲之间的内海。位于巴尔干半岛与高加索之间,四周为陆地环抱,西南经伊斯坦布尔海峡(博斯普鲁斯海峡)和恰纳卡莱海峡(达达尼尔海峡)与地中海相通,东北以刻赤海峡连接亚速海。

有关黑海名称来源的说法主要有三种:一种认为,由于黑海海底的淤泥呈黑色,每当风暴来临时,海上看起来黑浪滔天,所以人们给它取名"黑海"。第二种说法是,黑海之名乃古代土耳其人所起,含有"可怕的海"之意,因为他们观察到黑海中的生物稀少,冬季海上风暴频繁,使他们产生了对大自然的恐惧,故取名"黑海"。第三种说法认为,在当地方言中"黑"和"白"都表示北方,黑海也就是"北方的海"的意思。

48. 黑海的海水为什么发黑?

黑海的海水发黑与其地理位置有关。黑海位于欧亚大陆之间,受极地冷空气影响,冬季盛行东北大风,平均每年有一半时间出现强烈降温阴雨天气,夏季受地中海热带气流作用,也经常出现阴雨天气。因此,黑海一年四季受天色灰暗的映衬,海水呈现深暗色,同时,黑海流域的降水量和径流量大大超过蒸发量,出口又受狭窄的黑海海峡限制,水流不畅,使得黑海海面比地中海海面高出约半米,盐度也比地中海低。这样就形成了黑海的表层水流向地中海,深层水又由地中海流向黑海的现象,而且有的地方深层水流速很大,将一些微小物质也带进黑海,严重影响了黑海深层水的性质。长久以来,黑海上下水层几乎不进行交换,深层水下的有机物受硫化细菌作用,在分解时形成大量的硫化氢气体,把海底淤泥也染成了黑色。这就是黑海海水发黑的来龙去脉。

49. 红海是红色的海吗?

在非洲北部与阿拉伯半岛之间,有一片颜色鲜红的海,这就是红海。红海是印度洋的附属海,它像一条张着大口的鳄鱼斜卧在那里。它长约2000多千米,最大宽度306千米,面积约45万平方千米。它的北段通过苏伊士运河与地中海相通,南端有曼德海峡与亚丁湾相通。

平静的海边

关于"红海"名称的起源问题,人们已经争论了很长时间。有人说红海是因近岸海底泥土色泽呈红色,或因近岸浅海地带有大量黄中带红的珊瑚沙而得名;有人说这里常有来自非洲大沙漠的风,使天气变暗,海面呈暗红色,故名红海;也有人认为"红"是表示南方的意思。其实,红海的海水颜色一般呈蓝绿色,但由于海水中有大量红颜色的海藻,会把局部表层海水染成棕红色,所以,不管它的名称是怎样得来的,红海可谓名副其实的"红色的海"。

50. 红海是未来的大西洋吗?

红海是神奇的海,它是地球上最年幼的海。大约2000万年前,阿拉伯半岛与非洲大陆分开,诞生了红海。据科学家预言,红海将来很可能变成未来的大西洋。目前红海两岸仍在继续分离,它的扩张速率为每年1.0厘米~1.5厘米,阿拉伯半岛也正以这个速度向亚洲压挤。可以推想,如果照此发展下去,那么,2500万年后波斯湾就会消失,而沙特阿拉伯将与伊朗碰撞在一起,红海将成长为地球上烟波浩渺的"世界第五大洋"。

红海真的能变成一个大洋吗?尽管学者们对红海的成因和未来仍存在不少争论,但红海在不断拓展变宽却是事实。所以,有人说,红海就是未来的大西洋。

51. 东海真有"龙宫"吗?

传说东海有一座龙宫,宫中有一个神奇的"聚宝盆",这是真的吗?当然没有,可是东海确实是一片"藏珍聚宝"的地方。

东海位于中国大陆的东部。东海背后的大陆是我国经济最发达、物产最丰富的地区,江苏、广东、浙江、福建均与东海为邻。由于海上交通是运送大宗货物最合算的方式,所以沿海地区利用港口与世界各国进行大量的贸易往来,有力地促进了当地经济的蓬勃发展,因此,东海具有"黄金水道"的作用。

从祖国大陆流入东海的河流大大小小有40多条。

河水把陆地上丰富的营养盐带到东海里,特别有利于浮游生物的繁殖和生长,也就使这里成为海中鱼虾的天然"大食堂"和"大产房",从而造就了我国最大的渔场——舟山渔场。舟山渔场的鱼产量特别高,尤其是大、小黄鱼、带鱼和墨斗鱼,年产量能达到70万吨~80万吨呢!在浙江、福建沿海还生长着大量的海带、裙带菜、紫菜、石花菜、海螺等等。这些营养丰富、味道鲜美的海底植物及贝类还是有益人类健康的上好食品呢。不仅如此,根据科学勘探和论证,这里的海底下面可能蕴藏着巨大的石油资源。看来,东海下面还是一座潜在的"大油库"呢!

52. 我国的黄海有多大?

我们平常总是把"蔚蓝色"这个形容词送给大海,似乎大海就应该是蓝色的。的确,对于绝大部分的海洋来说,蓝色就是大海的"本色"。然而,事情也有例外,周游世界海域我们还能看到白色的、黑色的、红色的、褐色的海呢。而在我国的东部海域却有一片黄色的大海——黄海。黄海名称的由来,主要是因为黄河等河流注入黄海的水大多流经黄土高原,河水含沙量大,加之黄海水深较浅,故海水呈浅黄色,因而得名。

黄海——这片位于渤海和东海之间的海域,是中国和朝鲜、韩国共有的国际水域。黄海夹在中国山东、江苏两省沿岸和朝鲜半岛西海岸之间,面积比它北边的"伙伴"渤海大了不少,足有40万平方千米。平均深度虽说比渤海要深一些,但也只有44米。这个深度在海的家族中只能算"小字辈",所以说,黄海是一个浅海。

53. 我国的渤海有多大？

在我国像雄鸡一样的陆地国土版图上，在雄鸡的颈部下面，有一片不算大的水面被围在大陆中，这就是距离首都北京最近的"门户"之海——渤海。

渤海的面积不大，东北至西南的纵长约555千米，东西向的宽度为346千米，只有7.7万平方千米的海域。它的平均深度只有18米，最深处也只有83米。整个渤海里的海水一共才有1400立方千米，是我国"四海"之中最小的海，也是"四海"中唯一完全属于我们中国的内海。辽东半岛和山东半岛像两只长长的臂膀，把渤海湾紧紧地抱在怀里。"两臂"对峙的开口就是渤海海峡。83千米宽的海峡峡口有一片被称为庙岛群岛的岛屿，把渤海海峡分隔成8条宽窄不同的水道，扼住了渤海的"咽喉"，不愧为首都圈的海上"门户"。

我们的祖先曾经把渤海称为"沧海"，又因为地处我国北方，而称之为"北海"。自古以来，这里就流传着许多动人的传说，人人皆知的"哪吒闹海"的神话传说就发生在这里。

54. 我国的南海面积有多大？

南海位于中国大陆南方，纵跨热带与亚热带，而以热带海洋性气候为主要特征。南海的东边界经巴士海峡、巴林塘海峡等众多的海峡和水道与太平洋相沟通。其南边界是加里曼丹岛和苏门答腊岛。南海西南面经马六甲海峡与印度洋相通，东南经民都洛海峡、巴拉巴克海峡与苏禄海相接，西邻中南半岛和马来半岛，北靠中国的广东、广西和海南三省区,东临菲律宾群岛。

南海是中国四大海域中面积最大的海,海域广阔,总面积达340万平方千米,几乎为渤、黄、东三海面积总和的3倍。南海有许多大海湾,其中最大的是泰国湾(曾经称暹罗湾),位于中南半岛和马来半岛之间,湾口以金瓯角至哥打巴鲁一线为界,面积约25万平方千米。其次是北部湾,面

南海地形图

积12.7万平方千米,北临广东、广西,西接越南,其东界是雷州半岛南端的灯楼角至海南岛西北部的临高角一线,南界为海南岛西南的莺歌海与越南永灵附近的来角的连线。其他较重要的海湾还有广州湾、苏比克湾和金兰湾等。南海的平均水深为1212米,最深处在马尼拉海沟南端,深达5377米。

55. 加勒比海在哪里?

在拉丁美洲北部的大西洋面上,数以千计的岛屿星罗棋布,姿态万千。如果说大安德列斯群岛好像是浮在万顷碧波中的一条飘带的话,那么小安德列斯群岛就如同一串珍珠撒在翡翠般的海面上。这两组群岛互相衔接,长达3000多千米。就在这两个岛弧和中南美洲大陆之间,环抱着一个巨大的海域,它就是被称作"美洲地中

海洋水文

加勒比海地形图

海"的加勒比海。加勒比海东西长 2800 千米,南北最宽处有 1400 千米,面积 275 万平方千米。加勒比海的最深处达 7680 米,在大海当中要是以深度排队的话,加勒比海会"名列前茅"的。

56. 陆间海为什么又叫作"地中海"?

在一般人的印象里,海是那么的广阔无边,可是事实上,却并非完全如此。有一种海就不是这样的,它的周围都是陆地,有的是海峡与大洋相通,甚至有的就全部被陆

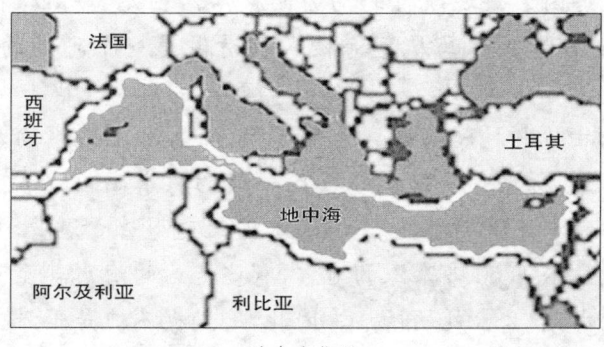

地中海位置

地所包围了,这种海就是"陆间海"。陆间海的特点是深度较大。由于陆间海位于几个大陆中间,所以,人们又把它称为"地中海"。世界上这种"地中海"的数量不少,可总面积并不大,约占大洋总面积的8.2%。

57. 马尾藻海为什么被看作是"魔海"?

马尾藻海是一个很特殊的海。在海风和洋流的环绕中,在马尾藻海的海面上,漂浮着的马尾藻好像一条巨大的褐色地毯,一直向远方铺展而去,仿佛一派草原风光。俗话说,"海上无风三尺浪",而马尾藻海这个地方,偏偏一年到头不刮风。几百年前的海船全是仗着海风吹动船帆前进,如果没有了长风相送,那汪洋中的船只能是干着急没办法。所以,古代的帆船若是进了马尾藻海,简直就是进了活坟场。当年航海家哥伦布来到马尾藻海时,万没想到这里是一个终年无风区。他们的船冒冒失失地闯进来,一下子就被大片的马尾藻团团围住,不能前进了。他们在这里漂呀,漂呀,整整3个星期,才摆脱了困境。要说他们能够脱险还算是幸运的呢,有些误入这里的船只最终因为缺乏航行的动力而被活活困死。所以,在机动船出现之前,马尾藻海被人们看做是一个可怕的"魔海"。

由于马尾藻海远离大陆的淡水,再加上海水的蒸发量很大,所以它的含盐量也比一般的海水高出许多。过咸的海水使浮游生物很少,海水因此变得碧青湛蓝,一眼能望见水下60多米深的地方,有些地方的海水甚至可以看到水深72米处的情景。因此,这里也不愧是世界上透

明度最高的海了。

58. 公海是公共的吗？

世界上的海大多是连成一体的,当远洋货船在海中航行时,难免要穿过不属于自己国家的海域,这怎么办呢？联合国组织已经考虑到了这个问题,并制定了一些公约,规定每一个国家领海之外为属于公共的海域,这个海域可供所有国家的船只通过,因此就叫作公海。公海为世界各国所共有,对所有国家开放和用于和平的目的。因此,当远洋货船航行时,在公海上就可以放心,不会有谁来阻挡的。

公海虽然是公共的,但是对它的利用也不是无法无章的。在《联合国海洋法公约》中明确规定,各国在公海中有6种自由:即航行自由、飞越自由、铺设海底电缆和管道的自由、建造国际法所容许的人工岛屿和其他设施的自由、捕鱼自由、科学研究自由。

59. 东西伯利亚海在哪里？

东西伯利亚海是北冰洋的边缘海,位于俄罗斯属东西伯利亚北岸,因迪吉尔卡河口和科雷马河口向东北注入该海。东西伯利亚海的北界为弗兰格尔岛最北端,经德朗岛、本尼特岛至科捷利内岛最北端连线；东界为弗兰格尔岛经布洛索姆角至大陆的亚坎角连线；西侧以自科捷利内岛经小、大利亚霍夫岛至大陆的圣角(斯维亚托伊角)的连线与拉普捷夫海分界。东西伯利亚海的面积为93.6万平方千米,容积为5.3万立方千米,平均深度为45米,最大深度为358米。海中岛屿很少,海岸线却十分曲折。海底全部位于大陆架上,为自西南向东北的倾斜平原。该海在全年大部分时间内为冰所覆盖。主要港口有俄罗斯的佩韦克和安巴奇克。

60.菲律宾海在哪里?

菲律宾海是北太平洋西部的一个边缘海,位于菲律宾群岛的东北方。它的西北部以台湾岛、琉球群岛为界与南海和东海相隔,北部以九州岛、四国岛及本州岛的东南岸为界,东部以伊豆诸岛、小笠原群岛、马里亚纳群岛为界,南部以关岛、雅浦群岛、帕劳群岛至哈马黑拉岛的连线为界。面积为100万平方千米,最大深度为10497米。菲律宾大海盆被中部的九州—帕劳海岭分为东、西两部分,西部为菲律宾海盆,东部为西马里亚纳海盆及北端的四国海盆。北部海岭有海山露出海面。菲律宾海有深海沟系统环绕,西缘内侧有菲律宾海沟(10497米)、琉球海沟(7790米),东缘外测有日本海沟(10680米)、马里亚纳海沟(11034米)、雅浦海沟等。菲律宾海是世界热带气旋的主要发源地之一。该海南部海流主要受北赤道暖流控制,并在菲律宾东部海域向北偏转成黑潮。

61.你知道南极的"魔海"吗?

一提起魔海,人们自然会想到大西洋上的百慕大"魔鬼三角",这片凶恶的魔海,不知吞噬了多少舰船和飞机。然而,在南极也有一个魔海,这个魔海虽然不像百慕大三角那么贪婪地吞噬舰船和飞机,但它的"魔力"也足以令许多探险家视为畏途,这就是威德尔海。

威德尔海是南极的边缘海,是南大洋的一部分。它位于南极半岛同科茨地之间,最南端达南纬83度,北达南纬70度~77度,宽度在550千米以上。它因1823年英国探险家威德尔首先到达于此而得名。

62. 南极的"魔海"有哪些"魔法"?

威德尔海的魔力主要有四个方面。首先在于它流冰的巨大威力。南极的夏天,在威德尔海北部,经常有大片大片的流冰群,这些流冰群像一座座白色的城墙首尾相接,有时中间还漂浮着几座冰山。有的冰山高一两百米,方圆二三百平方千米,就像一个大冰原。这些流冰和冰山相互撞击、挤压,发出一阵阵惊天动地的隆隆响声,使人胆战心惊。船只在流冰群的缝隙中航行异常危险,说

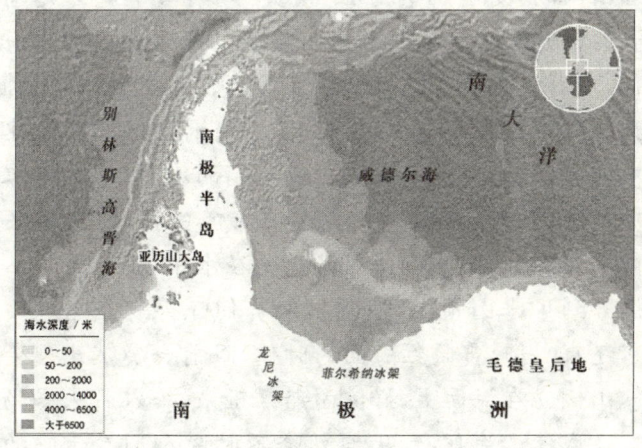

南极洲位置图

不定什么时候就会被流冰挤撞损坏或者驶入"死胡同",使航船永远留在南极的冰海之中。1914年,英国的探险船"英迪兰斯"号就被威德尔海的流冰所吞噬。威德尔海的第二个魔力是狂风。在威德尔海的冰海中航行,风向

对船只的安全至关重要。在刮南风时,流冰群向北散开,这时在流冰群之中会出现一道道缝隙,船只就可以在缝隙中航行;如果一刮北风,流冰就会挤到一起把船只包围,这时的船只即使不会被流冰撞沉,也会被这茫茫的冰海至少困上一年,平安脱险的可能性极小。所以,在威德尔海及南极其他海域,一直流传着"南风行船乐悠悠,一变北风逃外洋"的说法。直到今天,各国探险家们还恪守着这一信条,足见威德尔海风的神威魔力。第三个魔力是鲸群。鲸群对探险家是一大威胁。夏季,在威德尔海碧蓝的海水中,鲸鱼成群结队,别看它们悠闲自得,其实凶猛异常。特别是逆戟鲸,是一种能吞食水面任何动物的可怕动物,是有名的海上"屠夫"。第四个魔力是绚丽多姿的极光和变化莫测的海市蜃楼。船只在威德尔海中航行,美丽极光使人就好像在梦幻的世界里飘游,而神秘莫测的海市蜃楼又令人魂惊胆丧。有时船只正在流冰缝隙中航行,流冰群周围突然出现陡峭的冰壁,船只好像被冰壁所围,陷入了绝境,正当人们惊慌失措时,冰壁又消失得无影无踪了。有时,船只明明在水中航行,却突然间好像开到了冰山顶上,顿时把船员们吓得一个个魂飞九霄。还有,当晚霞映红海面的时候,眼前会突然出现金色的冰山倒立在海面上,好像向船只砸来,给人带来一场虚惊。在威德尔海航行,大自然会不时向人们显示它的魔力,戏耍着人们,使人始终处在惊恐不安之中。威德尔海是一个冰冷的海、可怕的海,又是一个神奇莫测的海。

63. 国际海洋年是哪一年?

地球上的生物起源于海洋,维持地球适于生存的环

境也离不开海洋。海洋还是人类食物的重要来源和经济开发的新天地。科学家们对海洋做了预测:21世纪初,世界海洋经济总产值预计可以达到15000亿美元,占世界经济总产值的16%。科学家预言:21世纪将是海洋世纪。一位科学家说:人类将在离开海洋4亿年之后重返海洋。由于海洋对人类起到至关重要的作用,为了更好地开发海洋、利用海洋,联合国规定1998年为国际海洋年。

海洋水文

海洋的自然神韵

64. 什么是海洋学？

海洋学是研究海洋中各种现象及其规律与各组成部分之间相互联系和作用的科学。人们面对茫茫的大海，对它进行了科学研究，从而形成了系统的海洋科学。根据研究对象和运用的理论与方法的不同，海洋学分为海洋物理学、海洋化学、海洋地质学、海洋生物学等分科。海洋学需借助数学、力学、天文学、物理学、气象学、化学、地质学、生物学等科学，利用海洋调查、宇航、遥感、激光、超声、深潜、电子计算机等技术才能得到更好的发展，海洋学对国家的经济建设和国防建设都有极其重要的作用。

无边的海洋

65. 什么是物理海洋学？

物理海洋学和海洋学有什么不同呢？物理海洋学是海洋学的一个分科。物理海洋学是专门研究海水的温度、盐度结构和海水运动等各种现象的发生、发展规律及其内在联系的学科。其研究内容有海水的温度、盐度、密度、热盐结构以及潮汐、波浪、海流等。它们与海上交通、港口建筑、海岸防护、海涂围垦、海洋资源开发、海洋污染、渔捞养殖和国防建设等都有密切关系。

同学们，中国海洋大学有物理海洋学专业，这里是海洋学家的摇篮,你们若想踏入物理海洋学的领域,请到位于青岛的中国海洋大学来学习吧。

66.什么是海洋水文学?

海洋水文学是水文学中研究海水的物理、化学属性及海水运动规律的一个分支学科。它主要是通过海洋水文测量(海道测量、海洋调查)所获得的资料研究海水的温度、盐度和密度的空间分布以及海水结冰、海水透明度、海洋污染、海流分布和潮汐变化规律等,它还研究冰情、潮汐预报方法,为绘制海图和编写航路指南提供资料。研究海洋水文对水面舰船和潜艇的活动具有重要意义。

67.什么是平均海平面?

海洋的底部也同大家熟悉的陆地一样,有高山、峻岭、平原和深谷,所以海底是不可能在一个平面上的。那么,海洋表面是不是平坦的呢?也不是。由于受引潮力作用、海面上风力影响和降雨、火山爆发、冰川融化等多种复杂因素的影响,不同海域的海平面的高低是有区别的,为了科学研究和实际应用的需要,海洋学家们经研究制定出了计算平均海平面的办法。

那什么是平均海平面呢?平均海平面就是某海域一定期间内海水表面的平均位置,它是科学家用相应期间逐时的潮位观测资料计算求得的。平均海平面可分为月平均海平面、年平均海平面和多年平均海平面。世界各国通常是用多年平均海平面来作为地理高程的统一基准面的。1956年,我国依据青岛验潮站的观测数据计算出黄海平均海平面,并以此作为全国高程的起算面。珠穆朗玛峰的"身高"8848米就是用黄海平均海平面起算的。

68. 什么是海洋气象要素和海洋水文要素?

在蔚蓝色的大海中,有许多诱导大海不平静的要素,这些要素主要是海洋气象要素和海洋水文要素。这些海洋气象要素和海洋水文要素真可以称得上是海洋世界中的"天兵水将",它们个个都有通天揽海的本领,在它们的支配下,海洋可以有时风平浪静、绚丽多彩,有时电闪雷鸣、恶浪狂起。实际上,其中的海洋气象要素不是别的,就是大家比较熟悉的气温、气压、湿度等,它们直接影响和左右风、云、雨、雾、雷暴等大气现象;而海水的水温、盐度、密度等则构成反映海水状态与海洋现象的海洋水文要素。这些气象和水文要素在海洋中的相互作用最终都要表现为海浪、海流、海冰及海洋潮汐等物理现象的变化。

不平静的大海

69. 海洋水文要素有哪些"特殊本领"?

你可不要以为海洋水文要素只不过就是通常的温度、盐度和密度,那就小看了它,事实上,这三个要素的力量可大啦。就是因为它们的一系列变化,才能间接或直接地在海洋中造成许多奇特现象：水温过低会生成海冰，水温升高则会使海冰融化；赤道大洋水温异常升高，会导致影响全球气候异常的厄尔尼诺现象；热盐环流和风生环流共同组成大洋中的海流循环体系；海水密度在水平方向上的不均匀分布会导致海流的形成，在垂直方向的不均匀分布又会形成密度跃层，如果形成海水上层密度小，在下面某一层中又突然增大的密度跃层还会形成"液体海底"，给潜艇的上浮下潜操作造成困难，弄不好还要酿成严重事故呢！

海中礁石

70. 大洋的表层水温有何变化规律？

一般情况下，海洋中的表层水温要高于底层水温。表层水温是指从表层始往下 0.5 米之内的水温。大洋表层水温的经向梯度变化的特点是冬季变化比夏季变化大，为什么会这样呢？

原来，在夏季，太阳高度会随纬度增高而降低，日照时间则随纬度增高而变长，两者的合成作用使不同纬度区域的月总辐射量差别缩小。而在冬季，太阳高度和日照时间均随纬度的增高而变小，使不同纬度区域的月总辐射量差别加大。由于月总辐射是影响表面水温的主要因素,因此也使海洋表面水温出现了经向梯度变化冬季大于夏季的情况。

71. 海洋中的温度是怎样分布的?

由于地球是一个巨大的球体,又有昼夜和四季的更替,而海洋又广泛分布在地球的各个角落,这就造成了海洋受到太阳的照射不均匀,形成有的地方温度高,有的地方温度低;有的时候温度高,有的时候温度低的现象。海洋等温线大体呈带状分布,几乎与纬圈平行。在赤道地区,太阳直射较多,海面温度自然就高;在高纬度地区,日射偏斜,海面温度也就较低;在两极地区,太阳直射很少,海面便终年冰雪封冻了。各大洋中的温度也各有不同。年平均表面温度以太平洋最高,为19.1℃;印度洋次之,为17.0℃;大西洋更低,为16.9℃。这是因为太平洋的热带区域面积最广,其中五分之三的面积在南、北纬30度之间,而大西洋热带区域的面积则很狭窄。热带海洋中都有年平均水温高于28℃的暖池区。暖池区呈带状,从印度洋中央东经约60度处向东伸展至西太平洋东经约175度处。此外,红海和大西洋中美洲西南岸外海的一个小区域水温也高于28℃。海洋中年平均温度高于28℃的区域约为2160万平方千米,约占整个海洋面积的6%。海洋表面既吸收热量,也释放热量。若将进入海洋的热量当作100,其中大约有51用于海水蒸发,42被海面辐射返回,7的热量用于对流和传导,均由海水传给了大气。这样说来,海洋本身每年热收支是近乎平衡的。

72. 世界大洋的海水蒸发速度一样吗？

自然界中的水是会蒸发的，特别是在风力的作用下，水分子可以快速跑到空气中。那么，世界大洋的水是怎样蒸发的呢？实际上，大洋海水的蒸发除了与海面的风速有关外，还与海面大气的相对湿度有密切关系，风速大、湿度小的地方蒸发大，反之则蒸发小。因此，由于地理位置不同，不同地区大洋上的风速、相对湿度不同，海水蒸发的量也不同。如在赤道地区，由于风速小、相对湿度大，水分子运动慢，蒸发较小。而在副热带和信风带，由于此区属于空气下沉区，相对湿度小，风速大，蒸发也最大。两极地区属东风区，也是空气下沉区，空气也很干燥，但由于气温很低，海冰又长年覆盖着海面，阻碍了蒸发进行，所以它的蒸发量也很小。

73. 为什么深层海水温度低？

当人们在海水中潜水游泳时，常会感觉到海水的温度随深度的变化而变化，表层海水温度高，较深处海水的温度低。这是什么原因造成的呢？事实上，它的形成原因有两个方面：一是受太阳辐射的影响。表层海水吸收的太阳辐射多，所以温度高；深水中吸收不到太阳的辐射，水温就较低。二是取决于海水的垂直环流。一般来说，温度高的海水因比重较小会上升，而寒冷的海水则会因比重较大而下沉。因此，即使有的地方有上层海水冷、下层海水热的特殊情况，那也不会持久，海洋垂直对流很快就会让它们恢复上热下冷的稳定态。

海洋水文

74. 海洋深处的水是怎样热起来的?

海洋表层的海水是通过太阳这个"大火炉"热起来的,因为吸收了太阳能,表层水就逐渐变热了,但上热下冷的海水难以形成垂直对流,也就不能用上下对流来传热。那么,海洋深处的水又是怎样热起来的呢?原来还有另一种传热方式,那就是涡动热传导。海面上有风,可以引起波浪;海水中有洋流,可以引起水涡动。波浪和水涡动都能将上层海水成团地往下搬运,热量自然也就随之往下传去。但是这种传递速度要比冷热对流慢得多。

75. 大洋里的海水盐度是怎样变化的?

大洋水的平均盐度约为35(即每千克大洋水中的含盐量为35克)。为什么要用平均盐度这个概念呢?因为盐度在各个不同的海域、海区是不同的、变化的,即使在同一海区的同一地点,不同深度的海水盐度也会出现一定的差异。有人就同一地点、同一深度的海水在不同时间进行测定,盐度也会出现一定的数值差别。

一般来说,大洋水中盐度的变化很小,但近海水域盐度的变化较大。盐度的这种变化是有一定规律可循的:在大洋水中,盐度的变化主要与海水的蒸发、降雨、海流和海

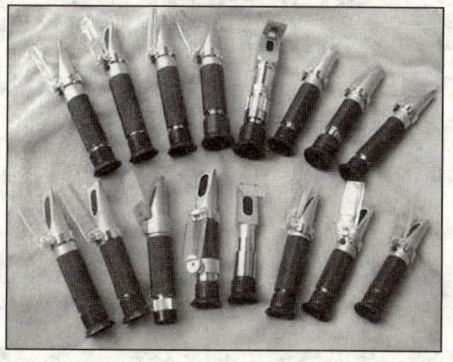

海洋仪器

水混合这四种因素有关；而近岸海水的盐度主要受陆地河流向海洋输入淡水有关。例如我国长江口海域，在冬季枯水期间测得的海水盐度为31，但到了夏季洪水季节，在同一地点测得的盐度只有2.5左右，相差10多倍。在地球高纬度海区，结冰和融冰对该海区海水的盐度也有很大影响，一般情况是，在结冰期间冰下海水的盐度增高，融冰时表层水的盐度降低。

76. 中国海的温度、盐度跃层是怎样生成和发展的？

在海洋里，温度和盐度的变化随着外界环境而变化，这些变化也都不是平稳的、线性的，而有时会变化很大，形成明显的分层，这就是跃层。

中国海的温度、盐度跃层是这样生成、发展的：冬季，整个海区受极地大陆气团控制，强劲的偏北风连续在海面上吹刮，使海水迅速冷却，蒸发旺盛，涡动混合及对流混合都很强烈，这就使得许多浅水区自海面至海底温度均匀一致，出现同性能层状态。

冬季过后，随着太阳辐射的增强，表层海水温度会逐渐上升，均匀层消失，开始出现微弱的水温垂直梯度。随着时间的推移，梯度不断增大，直至盛夏，出现了强大的温度跃层。在温度跃层之上，由于风混合的结果，形成上均匀层，跃层之下，由于跃层的屏障作用，使太阳辐射不易传来，使海水基本保持了冬季的特性，温度较低。这样的跃层，直到冬季才又消失，如此往复循环。

我国海洋的盐度分布，冬季一般均匀一致或表层略高，但到了夏季，随着降水、大陆河流淡水的涌入，形成海水表层低盐,而下层高盐的跃层,这种盐度跃层会与温度跃层同步发展、兴衰。

77. 什么是水团?

对于大气中产生的云团和气团大家还是容易理解的,那在海水中的水团又是怎么回事呢?实际上,水团是海洋中一定自然条件下形成的水体。它的物理、化学性

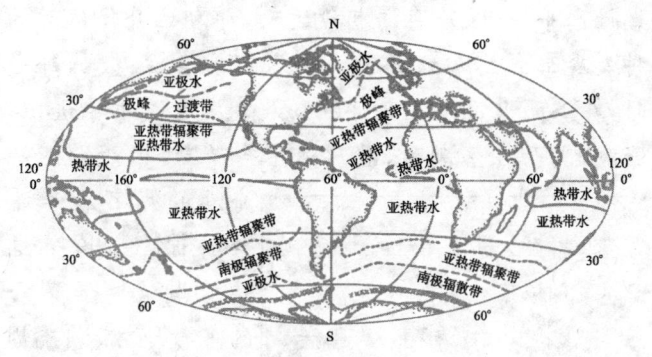

海洋水体分布

质具有相对的均一性和稳定性,并有大体一致的变化趋势。而它的特征是以水温和盐度表示的。也就是说,水团是泛指那些与周围相比具有不同水温、盐度特征的海水水体。对水团进行分析、研究与渔业生产、海洋污染研究、海洋资源开发和国防建设等都有密切的关系。

78. 大洋底层水是怎样形成的?

大洋底层水与表层水是不同的,它们温度很低,但盐度很高。那么,大洋底层水是怎样形成的呢?原来,在冬季,南极大陆架的海水大量结冰,使冰层下的海水具有高盐低温性质(因为结冰会析出盐分),而且数量大、分布范

围广。由于这种海水密度大,最后沿大陆架向下滑动,并与周围海水混合,形成所谓南极底层水。年复一年,这种南极底层水就散布于各大洋范围宽阔的海底。这就是大洋底层水形成的过程了。

79.潮流是怎样流动的?

潮流和海流不一样。潮流是海水在引潮力作用下的周期性水平流动,是海洋潮汐运动,即潮位升降运动的另一种表现形式。常到海边去的人可能会注意到,每当涨潮时,在海面升高的同时,海水会向岸边逐步推进,这便是涨潮流;而在落潮时,沿岸海水会节节"败退",涨潮时淹没的岸石和岸滩也会渐渐显露出来,这便是落潮流。世界沿海的多数地方,潮流周期与潮汐周期是一致的,在大多数海区,上下水层的流向和流速也比较一致。潮流的周期一般和潮位周期相对应。潮流有正规半日潮流,它的平均周期为12小时25分;正规全日潮流,它的平均周期为24小时50分;还有不正规半日潮流和不正规全日潮流等。在大多数情况下,如果潮位为半日潮,则潮流也是半日潮;如果潮位为全日潮,那么,潮流也是全日潮了。

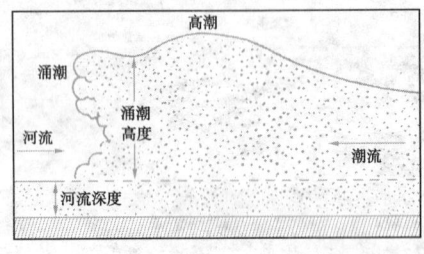

涌潮高度测量

但在海峡、海湾和河口这种特殊的海域,由于受两岸影响,可以形成往复潮流,这种往复潮流在大洋和外海则表现为回转潮流。

80. 我国海区潮流状况如何？

我国海区潮流的特点是：远海弱，近岸强。这种潮流在东海和黄海较显著，而在渤海和南海就相对弱一些；潮流在开阔海域多为旋转式潮流，而在近岸、岛礁和河口区多为往复式潮流。在渤海以不正规半日潮流为主，而且多为往复式。在渤海海峡的某些水域，不正规全日潮流较强，其中以老铁山水道流速最大，每小时约有3海里～4海里。黄海的潮流也是旋转式居多，除烟台近海和渤海海峡外，都是正规半日潮流。在这些海区中通常都是中央海区流速小而近岸大，西部小于东部；在江苏的吕泗、小洋口及斗龙港以南海域，流速最大为每小时5海里～6海里。我国东海海区的潮流是外海弱，多为旋转式；近岸强，多为往复式，但在长江口附近的余山海域处则是旋转式。我国南海潮流通常都较弱，流速每小时一般为1海里，中部一般每秒不超过几厘米；琼州海峡最大流速每小时可达5海里。

81."天下奇观"指哪一大潮？

在我国，有一个十分壮观的大潮，这就是钱塘江大潮。

每逢农历8月18日，来浙江海宁一带观潮的人成群结队，络绎不绝。这时的岸边，人山人海，万头攒动，人们焦急地等待那激动人心的时刻的到来。不一会儿，只见远处出现一条白线，由远而近；刹那间，壁立的潮头像一堵高大的水墙呼啸席卷而来，发出雷鸣般的吼声，震耳欲聋。"滔天浊浪排空来，翻江倒海山为摧。"这就是天下闻名的钱塘江大潮。汹涌壮观的钱塘潮历来被誉为"天下奇观"。人们通常称这种潮为"涌潮",也有的叫"怒潮"。涌潮现象在世界许多河口处也有所见,如巴西的亚马逊河、法国的塞纳尔河等,我国的钱塘江大潮在世界上也是非常著名的。

82. 钱塘涌潮是如何形成的?

每到中秋,国内外都会有很多人专程前来,观看我国最壮观的涌潮——钱塘江大潮。那么,钱塘涌潮是如何形成的呢?原来,钱塘涌潮主要是由于潮水涌向喇叭口状的河口形成的。钱塘江的河口面向杭州湾,湾顶宽度由湾的出海处的100多千米迅速紧缩至2千米~3千米,犹如一个大肚瓶子。这种河口急剧缩狭、河床迅速抬高、水深变浅的地势充分具备了涌潮发生的地理条件。涨潮时,当较大的潮波从外海进入河口后,在狭槽的约束下溯江而上,水体被全部挤入窄道,能量高度集中。再加上河

钱塘江涌潮

床突然上升,滩高水浅,大量潮水涌进时,前面的潮浪受阻减速,后面的潮浪又紧追上来,后浪赶前浪,一层叠一层。当潮水进到地处瓶口处的盐官镇时,迎面看来就好似竖成一道直立的白色水堤,远远望去犹如银链一排,从浩渺的江口向内翻滚,潮头涌起,浪花飞溅,声轰如雷,汹涌澎湃,形成了奇特无比的钱塘涌潮壮观。

83. 钱塘涌潮的形成与天文因素有关吗?

潮汐的形成与天文因素有着直接的关系,钱塘涌潮也不例外。潮汐本身的变化以及钱塘径流强弱也助长了涌潮的生成。从天文因素看,每年的春分和秋分,也就是农历的3月和8月,太阳、月球和地球的位置相对更接近于一条直线。此时,合成的引潮力在一年中是最大的,所以,春秋分朔望日前后容易形成特大潮。但在春季,钱塘江口西北季风正盛,与潮头流向相反,从而削弱了潮势,故春潮并不特别显著。而在秋分前后,江水径流增大,东流入海时正与有风助力的潮水流向相顶托,两股势力都比春潮时的大。就这样,各项因素加在一起,共同创造了"八月十八潮,壮观天下无"的钱塘涌潮奇观。

84. 什么是海流?

海流也叫"洋流",是海洋中海水沿着一定方向进行大规模流动的一种水文现象。通常说的海流,它的宽度都达数十千米至数百千米,长度可达几千千米。海流流动的速度一般是1千米/小时~3千米/小时,流速最大的海流为墨西哥湾暖流,它的流速已经达到了5千米/小时~11千米/小时。海流主要是受风力、压强、地转偏向力和湍流摩擦力等因素的作用而形成的，同时它还受到海底地形、海岸轮廓和岛屿等的影响。按照海流的成因可以将海流分为风海流、密度流、倾斜流和补偿流；按水温变化还可以分为寒流和暖流。在实际应用上，掌握海流的规律，对航运、渔业生产、海岸工程和国防建设均有重大意义。

85. 海流是怎么形成的？

海流又被称为海洋中的"河流"，因为海流在海洋中的流动就像海洋中的一条条河流一样。海洋中的海流有许多特点，它们纵横交错，并且长短和宽窄不一样，温度等也不一样。海流不像河流那样长久、稳定，而是时常变化的。海流有冷暖之分：冷的叫"寒流"，多数由两极附近海域流来；暖的叫作"暖流"，多由低纬度地区流向高纬度地区。不管是暖流还是寒流，它们对流过的海域和附近的陆地气候都有影响，对人类活动的影响也很明显，所以，人们非常重视海流。

岸边海浪

那么，海洋中的"河流"是怎么形成的呢？这主要是在定向风风力的作用下使海洋表层水产生流动，形成了表层海流。由于大海是一个统一的水体，一处海水流去了，挨近的海水会自然来补充，所以就会产生一定的海水流动。另外，由于海水的密度分布不均匀，也会生成密度流。海洋中这些"河流"的作用可就大啦！它们既是地球表面冷热的"调节器"，还会对海洋渔业生产产生重大的影响呢！

86. 海流的家族有哪些？

如果仔细算起来，在海洋中海流的家族是庞大的，按形成原因，可以将它分成许多种类。风海流是在风的作用下产生的，这种海流几乎遍布于全球海洋表层。风海流有流向、流速随风向、风速改变的风生流，也有由信风或其他常年盛行风吹动而形成的流向、流速较稳定的漂流。风海流主要出现在大洋的上层，流速随深度的增加而减小。由于海水密度不均匀等原因产生的海流叫梯度流，包括倾斜流和密度流。倾斜流的流向和流速，在海洋各个深度层都是一样的，而密度流则随海洋深度增加而变弱。还有一种流叫补偿流，它是海水在一个地方流失，其邻近海区的海水前去补充而产生的一种海水流动。补偿流包括水平补偿流和垂直补偿流，垂直补偿流还可分为上升流和下降流。

87. 海流有破坏性吗？

大家已经知道，海洋中的海浪、潮汐都能对人类造成危害。可是，你们知道海流也有破坏性吗？实际上，海流的破坏性可大啦，有一种奇特的海流就可以造就出一个世上绝无仅有的海底"殡仪馆"呢！那么，海流是怎样把人卷进这一"殡仪馆"的呢？原来，海洋中有些海域正处在海洋暖流与寒流的交汇处,两股不同的海流在此相遇时,由于相互挤压,便形成了一股强大的旋涡,使得附近的物体都有被卷入涡心的可能,特别是船舶航行时,一定要避开这种破坏性的海流,否则会被海流卷入,要想生还就困难了。

88. 漂流瓶为什么可以万里传递信息?

如果你读过《鲁滨逊漂流记》,可能还记得小说中关于主人公在船只遇难后制作漂流瓶的描述。在近代地球探险的初期,由于条件所限,漂流瓶是海上遇难者能够采

水里的漂流瓶

用的发出求救信号的手段之一。可是,为什么漂流瓶扔到海里去以后能够被遥远地方的人得到呢?这就是因为海流输送的结果。大洋上的海流大多首尾相接,有的绵延上千、上万千米,它们偶尔被利用做做信使,有什么奇怪的呢?不信你可以试一试,在东海里扔进的漂流瓶,经过很长的一段时间后,没准会在几万里外的美国西海岸

发现它的身影呢。

89. 怎样按物理性质划分海流?

海流按物理性质可分为寒流、暖流和中性流。所谓暖流就是它的温度要比流经海域的水温高,世界上著名的暖流有湾流和黑潮;而寒流的水温就要比流经海域的水温低,如亲潮和秘鲁海流就属于寒流。海流的"暖"和"寒"是与其周围的海水相比较而言的。由于地球上不同海域水温相差很大,就会出现暖流不一定比寒流"暖",寒流也不一定暖流"寒"的现象,如美洲西部海区,北部的阿拉斯加暖流就比南部的加利福尼亚寒流温度低。中性流的水温与所流经水域的水温相差不大,如三大洋的西风漂流和信风流就属于中性流。除此以外,海流按其与海岸相对关系还可分为沿岸流、向岸流及离岸流;按所在层次可分为表层流、深层流和底层流;按所在区域又可分为赤道流、赤道逆流和环流等等。

海 浪

90. 赤道流系是怎样形成的?

大洋中的海流众多,但有一种十分特别,它不仅出现在赤道的位置上,而且在赤道两侧流向相反,这就是赤道逆流。原来,在大洋中赤道的南北两侧,各有一支庞大的海流,它们自"老家"大洋东部开始,万里"西征",到达大洋西部后碰到了大陆和岛屿,又各自有一部分"辞别"主流,"会师"赤道附近,然后转向东流,这就形成了赤道逆流。

在赤道北部低纬度海区,长年吹刮的东北信风,将表层海水带动起来,从大洋东部一路浩浩荡荡向大洋西部流去,形成北赤道海流;赤道南部海水受东南信风的吹

岸边激浪

刮,则形成南赤道海流。北赤道流和南赤道流流到大洋西部后,受到陆岸阻挡,各自分成两部分。北赤道流的"主力部队"则转而"北伐",在大西洋和太平洋分别成为湾流和黑潮的主要流源,另一部分离开主力部队,形成向南的支流;南赤道流的"主力部队"则转而"南征",在太平洋和大西洋分别成为东澳海流和巴西海流,部分与主力部队分道扬镳的支流则形成向北的支流。这两支脱离主力部队的支流再次遇到陆岸阻拦,在赤道附近分别折转

向东,逆着它们来时的流向向东流去,分别形成了北赤道逆流和南赤道逆流。

91. 中国海区有哪些海流?

中国海区的海流有两大特点:一是由黑潮支流的余脉组成;二是由季风吹动所产生。东海、黄海、渤海,由黑潮及其分支组成的外海流系与我国东部沿岸流系构成逆时针的气旋式环流,南海环流系统则主要受季风支配,常有漂流性质。东海海流系统是我国东部海区环流的最重要部分。东部有黑潮暖流主干、对马暖流及黄海暖流,西部有台湾暖流及东海沿岸流,北部有对马暖流和黄海暖流西侧的小型气旋式环流。黄海环流较弱,主要由黄海暖流及其余脉和黄海沿岸流组成。渤海环流主要由高盐的黄海暖流余脉和低盐的渤海沿岸流组成。南海海流随季风而变化,夏半年盛行的是东北向漂流,主流在台湾以南汇入黑潮,支流经台湾海峡入东海;冬半年盛行的是西南向漂流。南海的另一大特点是上升流分布面广。这种上升流可是鱼类的好朋友,它能把深水区大量的营养盐类带到表层,为鱼类生长提供丰富的饵料。因此,上升流显著的海区,就多为天然的渔场了。

92. 海流只是沿水平方向流动吗?

海水只是在水平方向上流动吗?海洋学家是这样告诉大家的:如果在一个大范围、长时间内作一个大概的估计,说海水的流动是水平的,大概不会有很大的误差,因为海水的上升或下沉运动速度只相当于水平流动速度的几百分之一或者更小;但在特定的海区,海水的上升或下沉运动就不能忽略了。因为如果没有海水在赤道海区的上升和寒冷海水的下沉,就无法解释海洋的长期变化、渔场的形成和对气候的影响等问题了。

93. 海流对航运有什么影响?

海流对航运的直接影响早在18世纪60年代就被美国的著名学者和发明家富兰克林注意到了。当时,富兰克林正担任美国邮政总局局长,他发现了一种奇怪现象:不知什么原因,船只从美国到英国航行的时间要比从英国到美国节省两个星期。于是,他开始调查和研究这个问题。经过查阅和研究船长们的航海日志,富兰克林发现了问题的原因,并在1770年发布了大西洋湾流的流路图。原来,从美洲沿海到欧洲沿海之间,总存在一支势力强劲的海流,这种强劲的海流使顺流航行的船只节省了航行时间,而使逆流航行的船只增加了航行的时间。

94. 全球最强劲的暖流在哪里?

在世界大洋中,要说最强劲的暖流,那就非大西洋中的湾流莫属了。由于它流经墨西哥湾北上,因此也被称为墨西哥湾流。湾流的全程约有5000千米,最大流速可达250厘米/秒。它表层年平均水温在25℃～26℃之间,流宽一般在100千米～150千米,深度一般为700米～800米。湾流最强劲的部分宽度为50

大洋中的海浪

千米~70千米,最强处的流量为1.5亿立方米/秒。可以想象,如果把全球所有江河的流量加到一起,也只有它流量的一百二十分之一!

95.世界上最长的寒流在哪里?

世界大洋中行程最长的一支寒流当属秘鲁寒流了。秘鲁寒流靠近南太平洋的南美大陆西海岸。它从南纬45度开始,顺着南美大陆西海岸长驱直入,向北奔流,经过智利、秘鲁、厄瓜多尔等国沿海,一直可达赤道上的加拉帕戈斯群岛附近,流程约达2500海里(约4600千米)。秘鲁寒流的宽度,在智利附近平均为100海里,到秘鲁附近宽达250海里。秘鲁寒流的流速不大,1昼夜约6海里,水温在15℃~19℃之间,比其邻近海区水温低7℃~10℃。秘鲁寒流在向北流动的过程中,由于受到地转偏向力的影响而发生西偏现象,同时,沿岸又受南风和东南风的影响,使表层海水也发生离岸外流。由于海水的连续性,次表层的海水便会上升补偿表层水的流失,从而在秘鲁海区形成显著的上升流。这儿的上升流平均深度在133米左右,最大深度可达360米。上升流一方面使海面温度下降,另一方面把下层海水中大量的硝酸盐类和磷酸盐类营养物质带到水面,非常有利于海洋中浮游生物的大量繁殖,为鱼类提供了充足的饵料,所以秘鲁的渔场是世界最著名的大渔场之一。

96.湾流是怎样被发现的?

墨西哥湾流是非常著名的。墨西哥湾流的真正发现者是美国的庞谢·德·列昂和本杰明·富兰克林。1494

年,克里斯托弗·哥伦布驾驶船只到美洲探险时,已经航行到很接近墨西哥湾暖流了。但是,当他们发现了一个群岛后,便改变了航向,与墨西哥湾暖流失之交臂。1513年,庞谢·德·列昂指挥的3只船在佛罗里达海峡航行时险些沉没。当时,他们从现今的卡纳维拉尔角向南航行,结果墨西哥湾暖流强劲的流速将他们冲了回去,这使他们认识到此处有一股强劲的海流在作怪。然而,真正在地图上标出了墨西哥湾暖流的人则是本杰明·富兰克林。在任美国邮政总局局长时,他感到奇怪,为什么航行于英国及其殖民地之间的邮船,当其从西向东航行

巨 浪

时能比原定航期缩短不少时间呢?后来,富兰克林经过认真研究航海的值班日记,还有南塔克特捕鲸船的海图,在这个基础上绘制出了墨西哥湾暖流的流路图。就这样,庞谢·德·列昂和本杰明·富兰克林都成了墨西哥湾暖流的发现者。

97. 世界上最强大的海流在哪里？

世界上最强大的海流,当属南极绕极流了。在南纬40度～60度附近,从表层到底部基本上是自西向东的绕极流动。有关漂流瓶资料表明,它的表层漂移速度大约为13千米/天,但也有超过18千米/天～21千米/天的情况。根据前苏联科学家的计算,在南极海域600米深处,流速降为表层的三分之二;在2000米深处,降为表层流速的一半。据估计,绕极环流总流量介于1亿立方米/秒至2亿立方米/秒之间。而南美洲和南极大陆之间的宽300海里、深3000米的德雷克海峡,则保证了大西洋和太平洋之间的海水畅通无阻。通过德雷克海峡向东流动的南极绕极流可以一直扩展到海底,输运量约为2亿立方米/秒,因此它成了世界上最强大的海流。

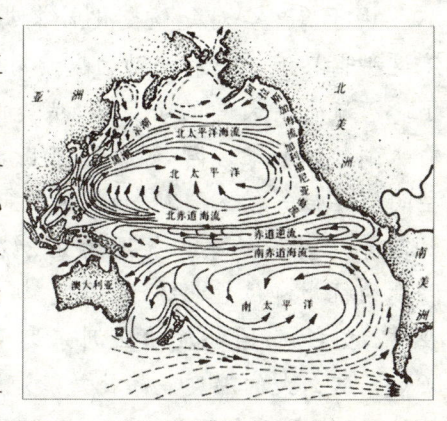

太平洋流向图

98. 世界上速度最快的潮流是哪一个？

世界海洋上潮流的速度是不同的,那么,世界上速度最快的海洋潮流是哪个呢？海洋学家们的研究结果表明,世界上速度最快的海洋潮流是加拿大西海岸的不列颠哥伦比亚的拉皮德流,此流出现在加拿大西海岸,流速为每小时18.4英里,相当于每小时29.61千米,这个速度可真够快的。不仅如此,它还是世界海洋潮流中流量最大的,每秒钟的流量可达95亿立方英尺。

可以想象,若是有人在这种潮水中逆水游泳,会出现什么可笑的情况呢?

99. 湾流对气候的影响有多大?

由于海流会对气候变化带来明显的影响,那么像湾流这种世界海洋中最强劲的暖流对气候的影响就更明显了。湾流带着大量的暖海水,从美洲东岸附近海域一直输送到欧洲和北冰洋,造成了亚欧大陆西北部地区最典型的海洋性气候区。例如,英国北部位于北纬50度的格拉斯哥,1月份的平均气温为4.2℃,而同时期具有同样温度的杭州却位于北纬30.3度;挪威沿岸1月份的气温在0℃左右,而同纬度的亚洲东部则为零下40℃到零下50℃。这么大的温度差异就是湾流输送热量的结果。据估计,湾流每年向西北部每千米海岸输送的热量相当于燃烧600亿千克的煤!

100. 哪种海流是海洋中的涌泉?

在海洋中,上升流常被称为"海洋中的涌泉"。上升流就是海水从深层向表层上升的流动,常发生于表层海水离散的海区。如近岸处表层海水被风吹离海岸,深层海水因补偿而上升,就形成了上升流。在北太平洋,美国俄勒冈州岸外是重要上升流区;在南太平洋,上升流区位于秘鲁沿岸;在北大西洋,上升流区在加那利群岛附近;在南大西洋,上升流区位于安哥拉的本格拉西岸。在海洋中，最快的表层海流每天的流程将近200千米，慢的也有十几千米，而上升流每天的流程则连1米也不到。别看上升流移动缓慢，可它的许多特征却很显著，最明显的

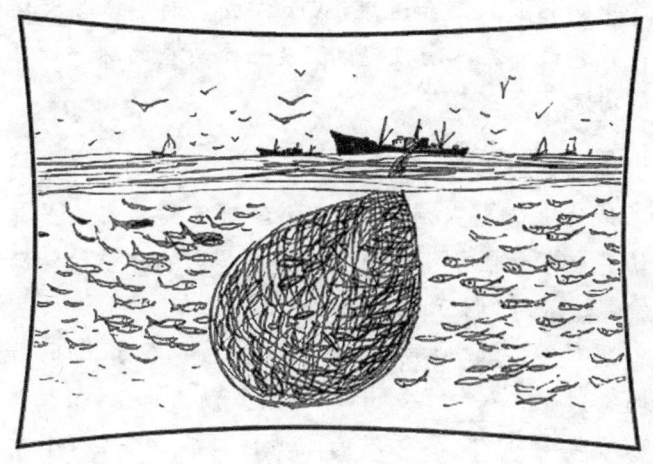

特征就是低温、高盐。上升流最强盛的时期，由于冷水上泛，使得距海岸5海里处表层水温能比没有上升流的区域同一深度上的水温冷8℃之多。

101. 海洋中有环绕地球的海流吗？

海洋与大气相比，多了海岸的限制。因此，在北半球，海水是很难完成"周游"地球的意愿的。但在南半球却有一个例外，这就在南极洲周围。南极洲与南美洲和南部非洲之间都存在着较为宽阔的洋面，因此，在南极大陆的北部，在地球上的南半球大洋中存在着一支环绕地球一周的海流，这就是南极绕极流。南极绕极流是一支自表至底、自西向东的强大海流，其上部是漂流，而下部

的流动为地转流。南极绕极流在太平洋东岸的向北分支称为秘鲁寒流;在大西洋东岸的向北分支称为本格拉寒流;在印度洋的向北分支称为西澳寒流。它们分别在各大洋中向北汇入南赤道流,从而构成了南半球各大洋的反气旋式大环流。南极绕极流是一个典型的环绕地球流动的海流。

102. 海流对气候有什么作用?

地球上71%是海洋,因而海洋对气候的影响是非常大的。广布于世界各大洋中的海流是影响气候最活跃的因素,海流可以调节地球表面能量的分布。

据科学计算,地气(地面与大气)系统在南北纬35度之间辐射能收入大于支出,即辐射差额为正值,而在北纬35度以北和南纬35度以南的地区,辐射能收入小于支出,即辐射差额为负值。由于大气环流和海流的共同作用,将低纬地区的热量源源不断地输送到中、高纬度地区,使高、低纬之间的温差相对稳定。科学家已经估算过,如果没有大气和海流的输送作用,热带地区的温度比现在要高出10℃左右,极地附近则比现在要低20℃以上。

由于海流可以改变全球热量的分布,这就使得同纬度地区的气温产生的差异十分明显。在南、北纬40度之间的大洋西部沿岸,由于受暖流的影响,气温较高,相对应的大洋东部沿岸,在寒流的作用下气温偏低。例如地处南纬2度的南太平洋西部的伊里安岛附近年平均水温为27.5℃,而东部秘鲁沿岸的年平均水温仅为16.5℃,东西相差达 11℃;在北纬 40 度以北地区恰好相反,即大洋东部沿岸气温高于西部沿岸。海流对沿岸地区的降水和自然景观也有明显的影响。一般来说,寒流经过的大陆沿岸大多为荒漠,相反,暖流经过的地区,气温高,大气中水汽含量大,大气又处于不稳定状态,空气容易产生对流活动,降水特别多。例如澳大利亚的东海岸,年降水量在 1000 毫米以上,出现了森林景观。除此之外,洋流势力的大小变化,对沿岸的天气也会产生一定的影响。例如每当日本暖流(黑潮)势力强、离大陆比较近时,我国东部地区的降水就明显增多,会出现涝灾,反之就会出现旱灾。

103. 海流和生物有什么关系?

纵横在海洋里的海流不光对气候有调节作用,对生物的繁衍也有着重要的作用。人们发现,在暖流与寒流的交汇处,往往就是世界闻名渔场的诞生地。例如纽芬兰渔场位于湾流与拉布拉多寒流的汇合处,北海道渔场位于亲潮和黑潮的汇合处。这种情况为什么会发生呢?原来,在冷暖海流交汇处,暖流和寒流的流向相反、温度不同,寒流海水温度低、密度大,就会下沉;暖流海水温度高、密度小,就会上升。这种由密度差异造成的对流混合作用

海底生物探秘

很强,有时可深达海底,将海底有机质和由生物残骸分解而来的营养盐类翻涌上来,加上沿岸河流入海带来的有机质,非常有利于浮游生物的繁殖,能够源源不断地为鱼类提供丰富的饵料。

其次,不同的鱼类喜欢生活在不同水温和不同盐度的海水里,在暖流和寒流相交汇的海区,为不同的鱼类提供了适宜的生存环境,因此这里的鱼类显得相对集中。除此以外,海流对鱼类的洄游和繁殖也起到了十分重要的作用。

104. 海流与航运有什么关系?

从顺水行舟和逆水行舟的感觉中,你一定能想象到海流对航运的影响了。事实正是如此,海流的存在对海上航运的作用是不可忽视的。

墨西哥湾流在流经佛罗里达沿海时,它的时速可达5千米～6千米,顺水和逆水的速度可相差10千米～12千米呢。1513年,庞谢·德·列昂指挥三艘船,从美国佛罗里达半岛东部的卡纳维拉尔角向南航行。白天,水手们把船划向深海,可是,当晚上休息时,湾暖流又将他们"送"了回来,这使得当时的水手们百思不解。不仅如此,海流除了影响航速之外,还会改变航船的航向呢。因此,聪明的航海家会巧妙地利用海流,顺应海流的力量航行,既可以大大提高航行速度,又节约了航行的时间。

105. 海流与军事有什么关系?

海流与军事活动还会有什么关系吗? 实际上,海流与军事的关系可密切啦,历史上许多军事家就是巧妙地利用了海流才取得了战役的胜利。

例如,地中海和大西洋的海水由于存在密度差异,在直布罗陀海峡中,表层的海水由大西洋流向地中海,而底层海水的流向刚好相反。在第二次世界大战期间,直布罗陀海峡被英国人所控制,当时德国人想通过直布罗陀海峡确实很不容易。这时,德国军事家就在海流上打起了主意,它们在通过直布罗陀海峡进入地中海时关掉发动机潜入浅水,而从地中海出来时则潜入深水,巧妙地利用洋流的力量,悄悄地通过了英国人控制的戒备森严的直布罗陀海峡。

掌握海流规律对海军有着重要的意义。海流主要是影响舰艇的航向和航速。如果舰艇在较大横流中航行,就会偏离预定航向,特别是在狭窄而复杂的航道中航行或通过水雷等障碍物时,舰位一旦偏离航线就可能发生航海事故或触发敌方布下的水雷。当舰艇航行方向与海流方向一致时,舰艇航速会增加,航行时间和燃料都将大为节省;但舰艇航向一旦与海流方向不一致,舰艇航速将减低,燃料消耗将增加,航行时间也将延长。舰艇在深水航行时,如果能利用海流的流向、流速,就可以缩短航行时间,迅速到达指定地区。由于海流对锚雷有一定的压力,往往使锚雷雷索离开垂直位置而呈现倾斜状,并使锚雷定深增大,甚至无法爆破敌舰;但掌握了海流规律的一方,又可以利用海流布入漂雷,巧妙地封锁敌港口和航道。

106. 中国海的环流是怎样分布的?

中国近海海域中的环流是相当复杂的,除了黑潮暖流之外,还有许多大大小小的环流存在。例如在黄海,有一股由对马暖流在朝鲜半岛南端的济州岛东南方分出来的一条支流,这支海流进入南黄海后又经过济州海峡流出南黄海,然后又归入了对马暖流。由于暖流的影响,尽管济州岛位于北纬34度附近,但它却具有亚热带风光,成为韩国的旅游胜地。在东海的情况就复杂多了:有台湾暖流、浙江近海上升流、黄海冷水团环流、东海北部的冷涡、长江冲淡水等许多环流。南海的环流也很复杂,有一个中尺度涡旋,还有南海暖流等。中国海的环流中有许多奥秘至今还没有解开,这正是科学家们正在积极探讨的内容。

107. 风生海流的方向为什么与风的方向不一致?

100年以前,美国海洋学家厄克曼从海洋观测中发现:风生海流表层海水流动的方向与海面风的方向并不一致。确切地说,海水表面的流向比风的方向向右偏转了45度。为什么会出现这种现象呢?为解开这个谜团,他又经过大量的观测发现,原来,风是作用在海水表面上的力量,它不能直接"拉动"表层以下的海水。因此,离海面越深,海水受风的影响就越小,流速也就从表层最大到某一较深层次变得

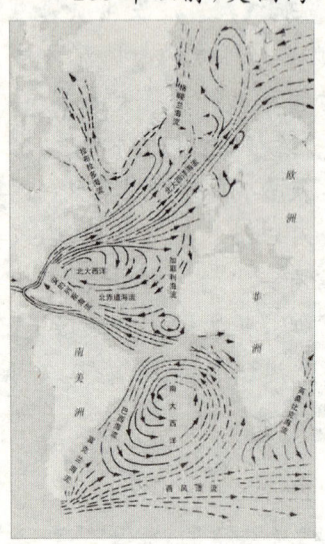

海流图

微不足道了。由于流速随深度减小,下层水对上层水的运动起消耗和减小的作用,即有摩擦力存在。他用风力、摩擦力和因地球旋转产生的偏向力三个力平衡计算得到的结果,解释了表层海水流动方向与风的方向存在 45 度的偏转现象。

108. 什么是黑潮?

黑潮是一支暖流。黑潮是由北赤道流的一支向北的支流延伸而来的,它在菲律宾以东方向北拐后,沿着台湾省东岸北上,经过东海,主流通过吐噶喇海峡和大隅海峡,又进入日本南方海域,然后滚滚东流,最后在北纬 35 度处变得又宽又弱,逐渐消失了它强流的特色。最后变成北太平洋流汇入太平洋。由于黑潮是从赤道流过来的,所以,表面上看起来都是海水,可是实际上却有明显的差别。海洋学家们研究发现,黑潮的水体有"双高"特点,即温度高、盐度也高。黑潮的流经区域有:在源头与北赤道流相接,沿菲律宾以东海区北上,从我国台湾东侧流入东海,穿过吐噶喇海峡,沿日本列岛南面海区流向东北;大约在北纬 35 度、东经 141 度附近海域离开日本海岸蜿蜒东去;最后在东经 165 度左右的海域里向东逐渐散开。黑潮流到了这里,改换了名字,被叫作北太平洋流了。

109. 黑潮的名字是怎么来的?

黑潮的颜色并不是黑色的,黑潮只是海流的一种,它还是我国最早发现并作了文字记载的呢! 那么,黑潮的名字是怎么来的呢? 原来,与它所流经的海域海面颜色不同,黑潮海面上的海水颜色呈蓝黑色调,而它又像潮水一样流动得很快,所以就叫它"黑潮"了。由于黑潮是从赤道向北流来的,这些海水不仅温度高,盐度也高,在它接近的中低纬度的海角和海岛尖端部分,往往生长着繁茂的热带植物。黑潮也与墨西哥暖流一样,流路也经常发生变化,这样就更给它靠近的陆地,如日本、菲律宾、朝鲜和我国带来了较大的影响。

观测黑潮

110. 黑潮的流量有多大?

黑潮作为一股海流,当它在不同海区内流动时,它的宽度和厚度并不都是一样的,在不同的海区里有不同的变化。通常它的宽度为150千米,在日本列岛南面的海域,黑潮达到了它的最大宽度200千米～300千米。它的厚度达到1000米以上。黑潮的流速要比一般海流强劲得多,为每小时3千米～10千米。专家们已经计算出黑潮在我国东海的流量为每秒约3000万立方米。你知道这个流量是多大吗?相当于1000条长江的流量!

海洋水文

111. 黑潮的水是"黑"的吗？

黑潮的水并不是黑色的，而是呈蓝黑色。那么，它为什么会有这种"黑"色呢？这是因为黑潮水极少有杂质，能见度深达 30 米～40 米。当太阳光照射到黑潮海面时，水分子偏重于散射蓝色光波，其他光波如红、黄等色为长波，都被水分子吸收掉了。所以，当人们从上往下看海水时，海水就成了蓝黑色。为了区别于其他的一般海水，人们就习惯地称这一海流为黑潮了。

112. 为什么黑潮是暖流？

为什么黑潮是暖流？它的水温有什么特点？要弄清这一点，就要了解它的起源了。原来，黑潮来自温暖的热带西太平洋，它的水温要比周围海水的温度高。黑潮的源头由北赤道流转变而来，而北赤道流的海水受强烈的太阳辐射，具有温度高、盐度大的特点（其上空为太平洋副热带高压，云稀雨少，蒸发量大），因而黑潮也具有高水温、高盐度的特点。据调查，黑潮的表层水温都比较高，夏季在 27℃～30℃之间，即使在冬季，表层水温也不低于 20℃，比邻近海水的水温要高 5℃～6℃，因此，人们又把黑潮称为"黑潮暖流"。

113. 黄海、渤海的海流为什么与黑潮有关？

黑潮流经我国的东海，那为什么黄海和渤海的海流还与它有关呢？原来，流过东海的黑潮暖流，在重返太平洋之前，在日本九州南部海面分出一个小分支北上，形成对马海流。对马海流在流经济州岛西南海域时又一分为二:一支折向东北,穿过朝鲜海峡奔向日本海;而另一支折向了西北,沿黄海东侧北上,再转入北黄海,进而穿过渤海海峡向渤海流来,人们把这股海流称为黄海暖流。在冬季渤海、黄海一带水温显著降低时,这股黄海暖流仍然显出其高温的特性,给沿途海区带来了温暖。地处渤海湾内的秦皇岛沿岸,因受黑潮暖流的影响,通常能使海水温度保持在冰点以上,不致结冻。从11月份的海面平均水温分布图中,更能清楚地看到这支暖流的影响:由于黑潮暖流的北上,整个黄海有一个明显的高温"水舌"存在,它自济州岛南方海域向北挺进,然后转向渤海海峡,一直扩展到整个渤海。

114. 黑潮对南海有影响吗?

黑潮是从我国南海的旁边流过去的,那么,它对我国南海有没有影响呢?根据海洋专家的研究表明,黑潮对我国南海海流的影响也非常大。这是因为,南海通过菲律宾北部的吕宋海峡与太平洋相连,大量的黑潮水流过南海时从吕宋岛北部向西进入南海,在"逛"过了南海北部以后再沿我国东南沿海回到太平洋中。由于"挤"进南海黑潮水中其他海水的数量并不是固定的,因此,南海海流无论是冬季还是夏季都受到黑潮的强烈影响。

115. 什么是黑潮的"蛇形大弯曲"?

除了温度、盐度十分特殊外,黑潮海水的流动形状也比较特殊,呈现明显的"蛇形大弯曲"。所谓"蛇形大弯曲",也叫"蛇动",是指黑潮主干流有时会形成像蛇爬行那样的弯弯曲曲。科学家们经过调查发现,黑潮的大弯曲发生在日本的四国岛南岸,向东到达都井岬和潮岬之间以南的海域,主干流突然转向南流,最远流到北纬30度附近,又开始返回北流。当到达本州岛南岸御座岬附近海面时,便又沿着原路径向东北方向流去,这就是世界海洋中规模最大的"大蛇行"海流。这种大弯曲的流路也并非固定不变,它变化的区域很广,其范围东西向大约550千米,而南北向也有460千米。

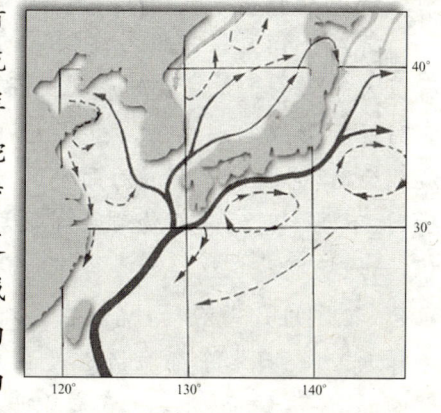

黑潮路径图

根据我国海洋学家们的调查发现,自1934年以来,这样的大弯曲共发生过7次,每次持续的时间有长有短,最短的一次只有3年,而最长的一次竟达10年之久。

116. 黑潮的"蛇形大弯曲"对气候有什么影响?

黑潮的"蛇形大弯曲"对我国和日本等国家的气候变化具有很大的影响。人们发现,如果"蛇形大弯曲"远离日本海岸,那里沿岸的气温就会下降,变得寒冷干燥;相反,则会使日本沿岸气温升高,空气温暖湿润。那么,为什么黑潮可以影响气候的变化呢?这主要是因为黑潮暖流自身拥有大量的热能,黑潮水对大气的加热必然影响到天气系统的发展变化,进而对气候产生影响。每当进入秋末冬初时,只要吐噶喇海峡的水温比往年平均水温高,那么,我国北部平原地区来年的春季降雨量就会比常年多。

117. 黑潮对渔业生产有什么影响?

黑潮不但直接影响沿途国家的气候,对渔业生产也有重大的影响。最主要的表现是在"海洋锋面"的形成和它对渔场形成的影响上。当两支海流,特别是寒流和暖流相会时,它将使平静的海面受到扰动,引起海水上下翻腾,把下层丰富的营养物质带到表层,促使浮游生物迅速繁殖,渔场也就在这样的条件下形成了。我国享有"天然鱼仓"之称的舟山渔场,就处在暖流和沿岸流之间的"海洋锋面"上。日本东部海区也处在黑潮暖流和亲潮寒流之间的"海洋锋面"上,因而也是世界著名的大渔场。当然,黑潮强暖流也为暖水性鱼类的产卵和幼鱼的搬迁创造了条件。

118. 黑潮还有哪些谜没有揭开?

尽管人类在探索和研究海洋方面已经走过了几千年的历史,但遗憾的是,至今还有许许多多海洋之谜没有揭开,对于黑潮的研究也是如此。例如,黑潮那奇妙的"蛇形大弯曲"是怎么形成的?尽管许多海洋专家对此进行了大量的研究,提出了一些解释的理论(例如,有的观点认为,黑潮的大弯曲与日本南部海底地形有关),但至今还没有国际公认的理论。由于黑潮流经范围广、影响大,要想了解整个黑潮的变化,揭开黑潮之谜,是件十分困难的事情。近些年来,为了揭示黑潮的形成机制,弄清黑潮"蛇形大弯曲"的变化规律,以及黑潮暖流和大气间的热

海洋水文

交换关系等问题,国际已开展了广泛的科技合作。目前,我国的海洋、气象工作者正在探讨的问题主要有:黑潮中尺度、长周期的变化规律;黑潮对我国气候的影响方式;黑潮对气候的影响机理;黑潮的支流及分布;台湾暖流和黑潮主流的关系;黑潮水的交换方式;深层海流的特征和形成的动力机理;黑潮和厄尔尼诺现象的关系;等等。相信这许许多多的问题,在未来人们开发利用海洋的活动中,一定能逐个得到解决。

119. 什么地方的海流流速最大?

海流流速超过3节即可称之为强流。在世界海洋中,流速最大的是西尔斯达德峡湾的海流,在朔望时平均流速可达到16节。当强劲的西风和西南风把海水推逐到西尔斯达德峡湾时,海流流速更大,数千米外就可以听到海流的怒吼声。这些强流在海峡中能形成数百个旋涡,其中有些旋涡的直径可达9米、深1米~2米。

120. 什么是海洋潮汐?

海洋潮汐习惯上又称"海潮"或"天文潮"。由于月球和太阳引潮力的作用,使海洋水面发生周期性涨落的现象。平均周期(即上一次高潮或低潮至下一次高潮或低潮相隔的平均时间)一般为12时25分。在白天的称为"潮",在夜间的就称为"汐"了,两者名异实同,合称就是"潮汐",它的大小和涨落时间每日都是不同的。因为月球的引潮力约为太阳的2.17倍,所以潮汐现象主要随月球运行而变化,而且由于各地纬度不同和海区地形、深度等因素的影响,除上述每日升降两次的半日潮外,还有每日升降一次的全日潮和每日升降两次和一次混杂出现的混合潮。海洋潮汐在垂直方向上表现为潮位升降,在水平方向上表现为潮流涨落。

121. 潮涨与潮落是怎样形成的?

海水的涨落潮是月球与太阳的引潮力所形成的一种自然现象。自古以来,人们就知道海岸潮汐随月盛衰。留心观察一下就可知道,当月亮运转到我们的头顶上或者比较接近头顶时,海水便随着也涨上来;而当月亮运转到东方或西方的时候,海水便退下去。月亮运转到我们头顶的时间每天都会往后推迟,因此潮水涨来的时间也随着推迟。每月的初一、十五潮水相对大些,每年的农历八月十五,潮汐涨落最大,而每月初七、二十三,潮水涨落最小。

122. 海洋中的潮汐变化都一样吗?

在世界海洋中,普遍存在着潮汐现象。但是,由于时间、地点的不同,大洋中的潮汐现象也多种多样,丰富多彩。按海潮涨落周期来划分,潮汐共有三种类型。一种是每天两个潮汐循环;这两个循环就是两个高潮和两个低潮,其潮高相差不大,相邻两个潮汐循环的涨落潮所用的时间也基本相同。人们称这种类型为"半日潮"。第二种为"全日潮"。它是在一个月里,多数日期每天仅出现一次高潮和一次低潮,像我国南海有许多地方的潮汐涨落情况就都属于全日潮类型,我国南海的北部湾还是世界上最典型的全日潮海区之一呢!第三种类型就是"混合潮",一般可分为"不正规半日潮"和"不正规全日潮"两种情况。所谓不正规半日潮,就是在一天中出现两次高潮和两次低潮;两次高潮和低潮的潮高均不相等,涨潮时间和落潮时间也不相等;不正规全日潮是在半个月内,大多数天数里都出现不正规的半日潮,而少数天数内出现全日潮现象。不论什么类型的潮汐,它们在一个月里表现出来的各种变化和不等现象,都与太阳和月亮的运行有密切的关系。太阳相对于地球的位置是不断变化的,在一年的周期内,它对潮汐的作用也会反映出来。经过专家们长期的潮汐观测和仔细的分析发现,潮差也会因地球离太阳的远近

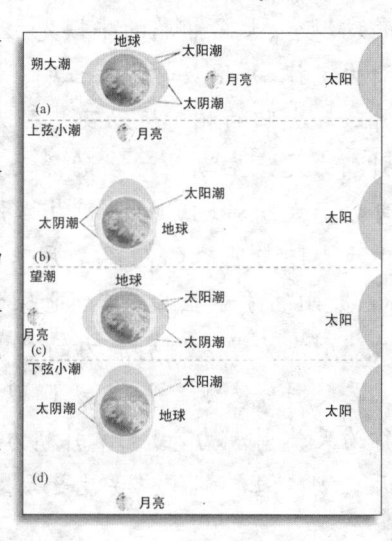

潮汐的规律

不同而出现周年不等现象;科学家们还发现,除了比较明显的几种不等现象外,太阳对潮汐的影响还有大约 9 年、19 年及更长的周期变化过程呢。

123. 引潮力是怎样被发现的?

大家已经知道,潮水的涨落是因为一种力在起作用,这种力就是引潮力。那么,引潮力是怎样被发现的呢?千百年来,人们经过长期观测,逐渐发现了潮汐与月球的关系。古希腊人认为"月亮产生潮汐"。我国东汉时期的王充在《论衡》中指出:"涛(即潮,古代通用)之起也,随月盛衰,大小满损不齐同。"唐代窦叔蒙在《海涛志》这部潮

汐专著中也指出:"潮汐作涛,必符于月。"但是,真正从理论上解开潮汐这个谜的,还是300多年前那位万有引力的发现者、大名鼎鼎的牛顿先生。1687年,牛顿提出万有引力定律,并用数学方法证明了潮汐现象确实是由地球、月球和太阳的相对运动及其引力的变化所造成的;月、日引潮力是产生潮汐运动的原动力,它是天体引力的组成部分。太阳对地球的引潮力所引起的潮汐,称为太阳潮。由于太阳与地球的距离是月球与地球距离的389倍,因而,太阳的质量虽大,但对地球的引潮力却远不及月球。月球引潮力是太阳引潮力的2.17倍,地球上的潮汐现象主要受月球支配。月球、太阳以及其他天球的引潮力,总称为天体引潮力,由天体引潮力引起的潮汐现象,就称为天文潮。海洋潮汐主要就是天文潮在海洋中的体现。

124. 潮汐现象只在海洋中出现吗?

地球上只有海洋才有潮汐现象吗? 不是的。既然引潮力是一种万有引力,那么,它对地球的各部分都可能引起潮汐。除了海洋潮汐之外,地球上还有大气潮汐和地球潮汐呢。引潮力在大气中引起的潮汐叫大气潮汐,也叫气潮,大气潮汐表现为对气压升降的影响。由于空气质量很小,引潮力对空气的作用只相当于对海水作用的千分之一,因而很不明显。当月球在天顶或天底,即太阴时0时及12时,空气密度最大,大气里发生高潮,而在太阴时6时和18时,则出现低潮。引潮力在地球固体表面引起的潮汐,叫作地球潮汐,也叫地潮或固体潮。地潮表现为地球固体表面的起伏。在月球引潮力的作用下,地球固体表面受力最大的地区,能产生最大幅度为 30 厘米的起伏。由于地潮相对于地球整体来说太微小,且变化缓慢,因此人们平时是很难感觉到它的存在的。

125. 海洋潮汐有什么规律?

海洋潮汐就是海水规律性的运动。它在垂直方向上表现为潮位的升降,在水平方向上表现为潮流的涨落。由于月球和太阳相对于地球的运动都是周而复始的,所以潮汐也是周而复始的;又由于月球、太阳和地球三者的

明月静潮

相对位置时刻都在变化,因而潮汐的过程每天也有不同。实际上,月球和太阳对地球的引潮力时强时弱,潮高和潮时也随之发生变化,这就造成了潮汐不等现象。潮汐现象由几百个周期不同且振幅不一的分潮所组成。也就是说,组成潮汐现象的每一个分潮的强度,以及周而复始地重复一次变化所经历的时间,与其他分潮也都是不一样

的,因而会出现不同的潮汐类型。时至今日,在诸多自然现象中,海洋潮汐是人类能够预报得最为准确、预报精度也最高的一种自然现象。

126. 什么叫潮汐不等现象?

海洋潮汐在各地区并不是相同的。就是在同一点,每天的涨落潮的潮高也是不一样的。也就是说,海洋潮汐在做简单重复运动的同时,还会出现一些潮汐不等现象。潮汐不等现象也有多种表现形式。一个太阴日内,相邻的高潮和低潮的潮高和潮时不等的现象叫日不等。一个月内大潮、小潮依次更替,潮差变化两个周期的现象叫半月不等。此外,还有月不等、年不等及多年不等现象存在。农历每月朔(初一)和望(十五日或十六日)时,太阳、月球和地球正处在同一直线上,日、月的作用互相叠加,潮差就会出现极大值,此时称为大潮;每月上弦(初八左右)和下弦(二十二日或二十三日)时,太阳、地球、月亮的中心连线呈直角,作用力相抵消,潮差便出现极小值,称为小潮或方照潮。而月球经过赤道时,相邻高潮和低潮的不等现象很小,此时称为赤道

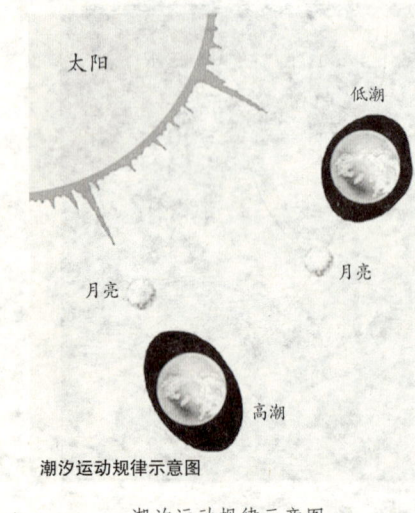

潮汐运动规律示意图

潮。月球在南、北赤纬最大的位置附近时,潮汐不等现象最大,此时称为回归潮。春分和秋分前后,太阳的赤纬最小,如月球运动至赤道附近,这时潮汐的不等现象最小,称为分点大潮;夏至和冬至前后,太阳的赤道纬度最大,若月球的赤纬也较大,则潮汐不等现象最大,相应的潮汐又叫至点大潮。

127. 潮汐是怎样分类的?

潮汐是怎样分类的?同学们,你们想知道吗?潮汐的类型主要按潮汐特征值的大小和范围把海洋潮汐分为正规的半日潮、正规的全日潮、不正规半日潮和不正规全日潮四种。正规半日潮是指在一个太阴日(即月亮绕地球一周的时间,约24小时50分)内发生两次高潮和两次低潮,两个高潮和两个低潮的潮高都相差不大,两次相邻的潮差基本相等,两次相邻的高潮(或低潮)之间的时间间隔也几乎相等。我国厦门、青岛和塘沽等地属于这种潮汐类型。而正规全日潮的周期为一个太阴日,也就是每隔24小时50分出现一次高潮。这类潮汐在半个月内连续有7天以上在一个太阴日内只出现一次高潮和一次低潮,其余天数出现不正规半日潮现象,潮差也不大。南海有许多地区属于这种类型,北部湾是世界上最典型的全日潮海区之一。不正规半日潮是在一个朔望月中的大多数日子里,每个太阴日内一般可有两次高潮和两次低潮;但有少数日子的第二次高潮很小,半日潮特征不很显著。我国台湾的马公、安平及香港等地的潮汐属于不正规半日潮。不正规全日潮是指这类潮汐在一个朔望月中的大多数日子里具有日潮型的特征,但有少数日子则具有半日潮的特征。海南省的榆林、碣石湾和陵水湾等地的潮汐就属于不正规全日潮。

128. 哪儿的潮汐最特殊?

世界各地的潮汐类型和潮差是不同的,有许多地方令人称奇。就拿同一纬度上的加拿大的芬地湾和欧洲的地中海来说,芬地湾以世界上潮差最大而著称,潮差可以达到18米,而地中海的潮差还不到40厘米,甚至有些地方几乎看不出有明显的潮汐涨落。波罗的海和墨西哥湾也属于这样的低潮差海域。在巴拿马运河,河的一端是全日潮特点,另一端是典型的半日潮。更有趣的是太平洋的塔希提岛(社会群岛),它位于南纬17度32分,西经149度34分,那里的潮汐非常特殊,每天高潮差不多都发生在半夜零时和中午的12时,而上午6时和下午6时则发生低潮,当地居民往往可以根据潮汐涨落来估计时间,因此人们称这种潮为"太阳潮"。

129. 怎样掌握涨潮落潮的规律?

海水的涨潮落潮是有一定规律的。如果掌握了海潮的涨落时间规律,对人们日常生产和生活都可以带来很多方便。有一种方法可以计算并掌握每天潮水涨落的时间。以青岛为例。青岛附近的海域是正规的半日潮。按正规的半日潮推算,每次潮汐活动的周期为12.4个小时多一点,一天涨落两次。也就是每天的涨落潮时间要比前一天推后约0.8小时。有人将每天的高潮时间总结为以下两个公式:

每月的初一至十五,用(阴历日期－1)×0.8＋5(点钟);每月的十六至月底,用(阴历日期－16)×0.8＋5(点钟)。这两个公式可算出当天几时几分为最高潮,往后推 6.2 小时即为最低潮时间,而再隔 6.2 小时又是高潮时间了。

各地潮汐具体的涨落时间不同,主要取决于阴历日期、当地潮汐类型和所在的经度。如果你仔细观察本地的潮汐规律,参照以上公式的拟定方法,就可以定出本地计算潮汐时间的公式了。

青岛的栈桥

130. 中国第一部潮汐史何时问世?

中国的第一部潮汐史为《海潮辑说》,是清代俞思谦编撰的。它成书于清乾隆四十六年,也就是 1781 年。全书分上下两卷,合 3 万余字,上卷 6 章,论述潮汐成因;下卷 14 章,主论河口潮汐、外国潮汐以及应潮泉和应潮物等。作者是浙江海宁人,因为海宁位于钱塘江最好的观潮地,所以作者可进行实地观察。作者经总结有关潮汐历史资料,终于撰写成了中国第一部潮汐史专著。这本书总结了中国古代学人对潮汐成因的各种认识,并确认《周易》是阐述潮月说的最早著作。书中所保存的潮史文献,为后人研究中国潮汐学史提供了宝贵资料。

131. 潮汐静力学理论和潮汐动力学理论分别由谁创立？

在历史上，自从英国科学家牛顿根据万有引力定律对潮汐现象作出科学解释后，用天体引潮力说明海洋潮汐的起因便为海洋学界所普遍接受。但牛顿的理论并未解决研究海洋潮汐的最根本问题。1740年，瑞士的伯努利提出了潮汐静力学理论，也称平衡潮理论。平衡潮理论正式确立了天体引力与潮汐现象的关系，正确解释了潮汐复杂周期变化的天体运动原因。尽管平衡潮理论有很多优点和长处，但潮汐是一种复杂的波动现象，其运动规律也不是静力学理论所能解释的。1775年，法国的拉普拉斯首创了大洋潮汐及动力学理论。另外，他又运用动力学理论，通过解释一些潮汐现象，还证实了大洋分潮波的基本运动形态，计算出了各个主要分潮在世界大洋中的分布。正是因为动力学理论的提出和应用，才较圆满地解释了海洋潮流现象，使世界潮汐研究进入了一个崭新的阶段。

132. 中国海区的潮汐有什么特点？

不同海区的潮汐规律都有自己的特点，那么，我国海区的潮汐有什么特点呢？由于中国海区潮汐的能量主要来自太平洋，因此中国海区潮汐的特点是既有半日潮和全日潮，又有混合潮；潮差小的只有几十厘米，大的将近10米；潮流从每秒几厘米到5米以上不等。我国的渤海以不正规半日潮为主，秦皇岛外和黄河口外各有一个不大的不正规全日潮区，渤海海峡为正规半日潮区，其余地区都是不正规半日潮区，渤海海区的潮差在海中央及湾口较小，中部最大不超过2米，海峡处平均2米左右，西部及南部沿岸都不到1米,北部的湾顶部较大,辽东湾最大在5米以上。黄海大部分地区属于正规的半日潮,只有海州湾东部的一片海域为不正规半日潮;山东成山头近岸附近有半径不足20千米极小范围的正规全日潮区,

退潮时的青岛栈桥

由周围的不正规全日潮和不正规半日潮带环绕着。东海潮汐多属半日潮性质,潮差沿岸大,中央小。东海沿岸多为正规半日潮,但在杭州湾口南岸局部地区为不正规半日潮,潮差外侧小,向沿岸方向逐渐增大。南海潮汐性质就比较复杂了,它大部分海区特别是南海中部以不正规全日潮为主;北部湾、吕宋岛西岸中部、加里曼丹的米里西岸、卡里马塔海和泰国湾附近海域为正规全日潮;巴士海峡、广东沿岸、越南中部及南部沿岸、加里曼丹西北沿岸等处有几个不正规半日潮区。

133. 中国哪个地方潮差最大?

说起中国潮差最大的地带要属浙闽沿岸了。在那

里,大部分沿岸的潮差都为4米~5米,最大潮差在7米以上。我国杭州湾的最大潮差可达8.9米,难怪会出现钱塘江大潮的奇观呢。

南海的潮差一般比渤、黄、东海小,以广东西部沿岸、北部湾潮差较大,一般在4米以上;最大潮差出现在北部湾顶端的北海港,高达7米。在渤海中,辽东湾的潮差最大在5米以上。黄海沿岸的潮差一般为2米~4米,成山头附近不足2米,青岛平均大潮潮差3.8米,江苏沿海从琼港至小洋口一带平均在3.9米以上。长沙港北的潮差最大,为8.4米。

为什么我国的最大潮差会出现在杭州湾呢?原因是这样的,海湾是洋或海延伸进大陆且深度逐渐减小的水域,一般以入口处海角之间的连线或入口处的等深线作为与洋或海的分界,而海湾中的海水可以与毗邻海洋自由沟通,因此,那里的海洋状况与邻接海洋很相似。而涌潮又是一种特殊的潮汐现象,它主要发生在三角形或喇叭形的河口或港湾,当河口上游的深度急剧变小时,涨潮、落潮的海水深度变化就非常大。钱塘江河口就是这种情况,它具备涌潮出现的天然条件,又因为中国沿海的潮波主要是由太平洋传入的,而浙江沿岸、杭州湾一带又首当其冲,这也是造成钱塘江涌潮的一个重要原因。

134. 钱塘江河口是怎样形成的?

钱塘江涌潮的发生与钱塘江河口的地形有密切的关系。那么,钱塘江河口是怎样形成的呢?钱塘江河口不是一开始就有的,而是经过慢慢演变而形成的。大约在

6000年前,钱塘江河口就已经形成了。近2000年来,杭州湾又南涨北塌,北岸的五盘山沉入了湾中,日复一日的潮水将泥沙向西带入乍浦与闻家堰间,堆积成130千米长的水下沙坝,这个沙坝对涌潮的形成起着重要的作用。每年秋分前后,地球、太阳和月球处在同一线上,引潮力最大,这时的潮汐叫秋分点大潮;此时东海沿岸又适值雨季,海面升高,东风及东南风盛行,风助潮势,涌潮景象更为奇丽,历来是观潮的最佳时节。

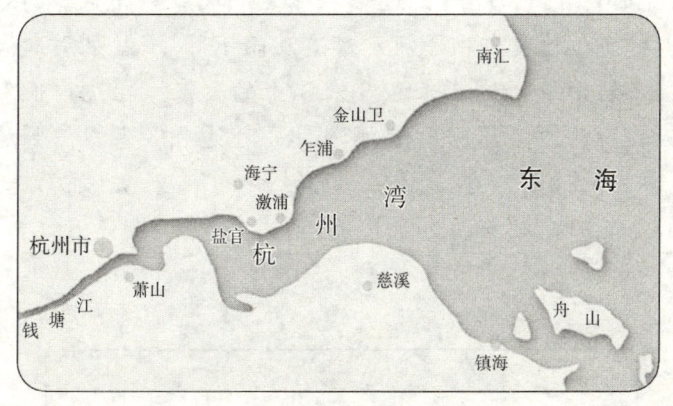

钱塘江河口图

135. 世界上哪个地方的海潮潮差最大?

芬迪湾是世界海潮潮差最大的海湾。它位于大西洋西北部,在北美洲加拿大东南沿海,呈东北—西南向的长条形。湾长150多千米,湾口宽50多千米,面积9300平方千米。平均深度75米,最大水深214米,芬迪湾的名称来源于葡萄牙语,它的意思就是深深的海湾。

芬迪湾形状狭长,湾口大,湾顶小,像个长口的喇叭,这便于潮波能量的汇聚,在湾顶处集中,由于潮水在这里无处疏泄而受阻,急速隆起而成为高潮。据观测,这里的湾口潮流流速为 103 厘米/秒,湾顶处达 205 厘米/秒。在湾顶的米纳斯小湾处,落潮流速竟高达 560 厘米/秒。它的最大潮差,曾观测到 21 米高的记录,成为世界上最壮观的涌潮。

136. 世界上最大的涌潮在何处?

潮波逆河流而上运动时,会产生涌潮。当潮波涌入河流时,由于水流断面逐渐狭窄,因而潮波高度急剧增加,但潮波速度却由于河水对流反而下降了,结果引起潮波翻滚,形成高达 3 米和 3 米以上的大浪。在几内亚和巴西,有的河流入海口处涌潮最高可达 9.3 米。但如从涌潮波及范围来看,我国钱塘江上的涌潮应属世界第一。涌潮来临时,潮头高达 3.5 米,潮宽 2 千米,潮差 8.9 米,运动速度达到 14 节。

涌浪滚滚

137. 潮汐与军事有何关系?

渡海登陆作战,从选择登陆场到确定登陆时机,都要考虑到潮汐的影响。一般来说,理想的登陆时机应选择在高潮前1小时~2小时。这样做,一来可以利用涨潮的顺流缩短航渡时间,二来可以利用高潮缩短登陆部队的滩头冲击距离,减少伤亡。在第二次世界大战中,盟军诺曼底登陆作战,就是一个利用潮汐夺取战斗胜利的典型战例。

在我国历史上,利用潮汐战胜敌人的例子数不胜数。民族英雄郑成功在收复台湾的战争中,由于正确地利用了鹿耳门的潮汐规律,趁大潮进入沉船和泥沙淤积的北航道,迅速通过浅水区,一举登陆成功,全部逐出了荷兰侵略者。

潮汐对于布雷、扫雷、渡海登陆作战、舰船安全航行等海上军事活动,以及军港、码头建设等关系也都非常密切。潮汐直接影响海上布放水雷的活动。如果把锚雷定深了,敌舰能在高潮时安全通过雷区;而定浅了,低潮时又会被敌人发现。潮流能使水雷产生位移,不了解潮流规律,水雷就可能漂出封锁区,不但不能打击敌人,反而会伤及己方的舰船。

138. 你知道什么叫假潮吗?

假潮,日本人称作静振。在湖里或在比较封闭的海湾中,当大风过后,经常能看到岸边水位以一定周期(几十分钟到几个小时)作上下摇动,像是潮汐升降,但又不是潮汐引起的(潮汐周期13小时左右)。因此,取名为假潮。日本人曾于1925年在琵琶湖东岸的彦根及对岸的今津地方分别发现了两边水位振动,又具有相位相反的规律:一边水位上升,另一边水位就下降,或者反之。就像踩跷跷板那样,一端上升,另一端必然下降。这种振动具有28分钟至35分钟的周期。进一步研究又发现,这个周期是随湖的直径和深度而变化的。关于静振的原因,主要是气压、风、降水、雷雨等短期气象因子变化引起的。这种假潮的振幅很少超过50厘米。1932年,在日本洞湖曾发生振幅50厘米、周期10分钟的静振,使居住在湖边的人极度恐慌,一时谣言四起,说湖底要发生地震。后来,以静振进行解释辟谣,人们的恐慌才渐渐止息。

139. 海浪的形成和什么因素有关系?

海浪是海水的波动现象。人们常说海上"无风三尺浪",又说"无风不起浪",这不是相互矛盾吗?其实,这两种说法都没有错。事实上,海上有风没风都会出现波浪。通常所说的海浪是指海洋中由风产生的波浪。包括风浪、涌浪和近岸浪。那无风的海面为什么也会出现涌浪和近岸波呢?这是由别处的风引起的海浪传播来的。实际上,海浪形成的因素是十分复杂的,它包括在天体引力、海底地震、火山爆发、塌陷滑坡、大气压力变化和海水密度分布不均等外力和内力的作用下形成的各种海啸、风暴潮和海洋内波等。它们都会引起海水的巨大波动现象。

140. 10级风的海浪有多大?

海浪的成长与风有密切关系,"风大浪高"是海洋中的普遍规律。如果人们在海上乘船航行,当遇到 8 级以上的大风时,海面上就会出现几米高的大浪,船在海中摇摇摆摆,很多人在这种情况下一定会晕得十分厉害,甚至有些小船还会被这滔天大浪卷进海中呢!当海面上出现 10 级风时,浪高可达 12.5 米,也就是说,浪高相当于住宅楼的四层楼高呢!这么高的海浪,一般的小船是吃不消的,弄不好还会发生船毁人亡的海难事故呢!所以说,在海上大风浪到达之前,小船要到避风港避一避,否则后果不堪设想。

141. 海浪为什么会迎岸而来?

海水的波浪在深海处的传播速度总是比浅海处的传播速度快,而且,越是靠近海岸,海水越浅,波浪的速度越慢。若用虚线 AB 表示海岸附近深水域与淡水域的分界线,那么在深水域中,海浪在第 1、2、3、……、11 秒走过的距离较大(因为速度快),因此,线条之间的间隔大;在浅水域中,同样花费 1 秒钟时间,海浪经过的距离短,表现为线条之间的间隔小。因此,在分界线处发生了海浪的波长和传播方向的改变,海浪的传播方向变得渐渐垂直于海岸线了。由于越靠近海岸的海水越浅,因此,海浪的速度也渐渐慢下来,这就使它的传播方向越来越垂直于海岸线。当人们站在海岸面向大海时,由于看到的海浪都是以垂直于海岸线的方向一排排袭来,人们就会感到海浪好似迎你而来。在远离海岸的大海深处,由于海浪的行进方向取决于海风与海流的方向,并不一定是朝着观察者的方向。

142. 海上为什么会出现"无风也有三尺浪"的局面?

"无风也有三尺浪"是人们的口头禅,是劳动人民在历经海上千百年的实践后总结出的一条真理。在海上生活过的人们都会遇到这样的情况:海上风和日丽,但海面却是大浪滔滔,这就是人们常说的"无风也有三尺浪"的现象了。那么人们不禁要问,无风又怎么能起浪呢?原来,经过一定方向的风长期吹刮的风浪成长、发展到一定阶段后,风虽然停止了,但浪却不能立即停止,仍然不断地在继续向前传播着。当传播到无风的海区后,这个海区也会产生波浪。"风停浪不停,无风浪也行"就是指这种在风停止、减弱或转向以后遗留下来的波浪,人们通称它为"涌浪"。涌浪波速较大,有的约达40千米/时;有的波长较长,最长的达数百米。涌浪的波峰圆滑,波形较有规则。涌浪的本事很大,它能日行千里,远渡重洋;它的"力气"也不小,会把大船弄得摇摇晃晃,有时还能冲塌海洋堤坝。

无风三尺浪

143. 什么是波群?

海浪中的波群,也称群波。因为它常有突起的浪潮出现,每次会连续出现3个大浪,约持续2分钟~3分钟,而后平静一段时间,接着浪潮会突然再起,犹如疯狗似的袭来,故渔民称之为"疯狗浪"。

波群的特点是波动在传播的同时,振幅不断地变化,一会儿由小到大,过一段时间又由大到小,形成群集分布。它是涌浪在传播过程中形成的一系列周期和波长比较接近的波动相互叠加的结果。涌浪的传播速度很快,传播距离很长。船在航行过程中,如果遇到大的风浪和涌浪,会使其航向、航速发生变化。如果舰船的首尾在浪峰,则会发生"中垂";如果舰船中部在浪峰,则会发生"中拱"。这两种情况,都可能造成船体断裂、倾覆。海浪对近岸和海港的泥沙运移、港建及泊稳条件均有不同程度的影响,严重的"疯狗浪"还会破坏海港码头、工程设施和海岸防护。海浪在军事上能影响登陆、抗登陆作战及舰艇武器的使用效果,给海上补给、防险救生等造成困难。

144. 海洋中的波浪是怎样产生的?

海洋中的波浪不是无缘无故产生的,而是在动力的作用下产生的。这种动力就是人们常说的"风"。海水在风的作用下会产生一种海面波动,这就是人们通常说的"浪"了。风浪在成长时,从远处看海面像鱼鳞状,风稍大些,波峰常出现破碎浪花。在海上的某一范围内,风速和风向基本相同时,人们将这一海区称为风区。通常风区小,产生的风浪就小;风区大,产生的风浪也就大。在风区的开头,风浪比较小,风区的末尾,风浪就大,甚至特别大。而在辽阔的海洋上,可以形成强大的风区,同时,若风速越大,风吹刮的时间越长,风浪也就越大。因而,在波浪的产生过程中,风速、风时、风区是决定风浪大小的主要要素。关于风是如何形成浪,以及它的成长到消衰的过程,都是很复杂的,科学家们正在做这方面的深入研究。

145. 哪些海区的海浪最大?

由于海浪的成长与风速、风时、风区有关,因此,在风大、持续时间长、洋面又宽阔的海区一般风浪都大。一般

彩云与海水

来说,海洋中海浪最大的地带是在三大洋的南部海域。在那里,三大洋的海水连成一片,又有强劲的西风,风区、风时和风速都达到了相当的程度,所以,那里常常是巨浪如排山倒海。就太平洋海区来说,在西风带里,波高都达到 12 米～14 米,波速 25 米/秒～27 米/秒,而波长可达 200 多米。

146. 为什么波浪到岸边要"开出"白色的浪花?

每当人们在海边玩耍的时候,都会看到这样一种景象:海浪从远处传播过来,到岸边的时候"开出"了白色的浪花。海浪为什么会到岸边"开花"呢?原来,那是由于风浪和涌浪传到岸边附近,因环境条件的不同发生的一系列变化。海浪与光波、声波类似,在遇到障碍物后都会出现折射和反射现象。因为在近岸水域面

积小、水深变浅、海底摩擦增大,海浪在这里波速变慢、波长变短,而能量却比在外海时来得集中,致使浪高增大,波峰前倾,最后在岸边发生卷倒或破碎,形成了具有威胁力的拍岸浪。一般在风速达到7米/秒~8米/秒时,波峰上就开始形成浪花了。

岸边风浪

147. 波浪是如何传播的?

有人做过这样的实验,当把一个皮球抛到海里,可以发现在波浪通过时,皮球只是在原来的地方上下颠簸:当波峰过来时,皮球只向前移动一点距离;在波谷到达时,皮球又被拉回到原来的位置上。也就是说,波浪中的皮球,只是做周期性圆周运动,并没有跟随波浪前进,这是怎么回事呢?

原来,海水是由无数个水质点组成的流体。当海面无风时,表面的水质点保持平衡状态,一旦海面有了风,在风和重力作用下,各个水质点就以原来的平衡位置为中心,近似地做圆周运动,无数个水质点都依次做这样的圆周运动,就形成向前传播的波面。当波峰传来时,水质点稍稍向前移动,当波谷到达时,它又退回到原处了。由此看来,海浪的传播只是波形向前传播,水质点本身则没有向前移动。正因为如此,无数个水质点按先后次序在自己的圆形轨道上用相同的速度运动着,由这些水质点构成的波面就随之向前传播了。波浪中的皮球的运动就像水质点的运动一样。再打个简单的比方,在麦子成熟的季节,金黄色的麦浪,随风飘荡。细细观察,你会发现,麦浪上下左右摆动都是有规律的,此起彼伏,由近及远。当麦浪从广阔的田野这一头传到那一头的时候,麦穗只是上下颠簸,并没有前进。海浪的传播和麦浪的推移不是同样的道理吗?

148. 海浪的威力有多大?

同学们,如果你乘船在海中航行时遇到了巨大的海浪,那么,你们乘坐的船就有可能会被卷在浪中。这是为什么呢?根据计算,海浪拍岸时的冲击力每平方米会达

浪花四溅

到20吨～30吨,有时甚至可达到60吨,如此巨大的冲击力,可以毫不费力地把10多吨重的巨石抛到20米高的空中,海浪的威力实在大得惊人。到目前为止,人们已经观测到海浪的最大高度是34米,而一般浪高达6米以上的海浪就被看做是灾害性海浪了。那么,灾害性海浪在海上和海岸会引起哪些灾害呢?

海浪到了近海和岸边不仅会冲击摧毁沿海的堤岸、海塘、码头和各类建筑物,还会伴随风暴潮沉损船只,席卷人畜和水产养殖场所。海浪所带来的泥沙还会使海港和航道淤塞。历史上曾经有过许多这样的记载。在法国的契波格海港,一块3吨半重的构件,在海浪冲击下,像掷铅球似的被从一座6米高的墙外扔到了墙内。在荷兰首都阿姆斯特丹防波堤上,一块20吨重的混凝土块,被海浪从海里举到了7米多高的防波堤上。在苏格兰的威克地方,一个巨浪竟然把重约1370吨的庞然大物移动了15米之远。西班牙巴里布市附近的海边,有一块大约1700吨重的岩石,在1894年的一次狂风巨浪之后,海浪使这块岩石翻了个身。还有,巨浪冲击海岸所激起的浪花也很厉害,常常会高达六七十米,而且具有破坏力。斯里兰卡海岸上一个60米高处的灯塔就曾被海浪打碎过。而地处欧洲的设得兰岛,它的北岸灯塔的窗户位于海面以上100米,都被浪花举起的石头打得粉碎。1989年,在我国的珠江口至湛江沿岸曾受到了8米~10米的海浪袭击,致使沿岸海堤受到严重破坏。

尽管海浪的威力如此之大,但科学家已经研究出了许多对付它的办法,只要及早做好防范,海浪的"威风"也会随之扫地的。

149.什么是"波浪杀手"?

你知道船在海上航行最怕遇到什么吗?那就是风暴,尽管现在有较好的预报条件,但是海上也偶有突发事件发生,其中有一种不期而至的巨浪会令人们谈之色变。这种突发的波浪危害性极大,水手们给它起了一个吓人的名称——"波浪杀手"。

这种波浪的特点是,在比较平静的海面会突然传来单个或一组波高达到15米~20米的大浪。这种浪的前峰陡峭,犹如一堵水墙,如果船只行进方向正好与之垂直,则大浪冲过时能把巨轮托起。若浪峰恰巧托在船底中央,那就会使船的两头悬空;若是船头和船尾分别落在两个巨波的浪头,船的中部就会离开水面,这两种情况都可能导致船只从中央部位折断而顷刻沉入海底。如果船只行驶的方向与这种波平行,那么巨浪袭来,能把船掀翻。

好在这种可怕的波浪并不常见,它们的出现有比较明显的地域性,多发生在非洲西南端的好望角附近,并且仅在南半球的冬季5~10月期间较为常见。这是为什么呢?原来,在这个季节,南大洋咆哮的西风带特别凶猛,风把恶浪推向南非东南海域,而沿南非东岸恰好有一支厄加勒斯海流自北向南流来,被西风驱赶来的波浪正好受到这支海流的阻挡,波高会成倍地增大。这么高的波如果再受到壁立石岸的反射,一旦入射波与反射波叠加发生共振,波高就会再次倍增,这时就可能形成单个或一组高达15米~20米的"波浪杀手"了。

150. 海浪在水平和垂直方向上能传播多远?

海洋中海浪的能量是在不断向外传播的,它不仅能在水平方向传播,而且也能在垂直方向传播。其传播距离主要依据海浪的大小来定。那么,海浪在水平方向上到底能传播多远呢?

一次强的风暴浪和地震海啸波,水平方向可以跋涉万里。如在太平洋北部的阿拉斯加海岸,就可以测量到从万里以外的南极风暴区传播过来的海浪;冲击到英国南岸的海浪,有的发源地则是远在1万多千米以外的南大洋风暴区。海浪在水平方向上能传播如此之远,并能维持它的一定波高,说明海浪的威力是无比巨大的。

海浪的传播

那么,海浪垂直向下又能传播多远呢?由于海水是一种不可压缩的流体,当海面出现波动时,海面以下海水也必然会引起波动,不过海面以下的波动可要比海面波动小得多了。这是因为随着深度的增加,海浪的能量受到海水摩擦力的作用,衰减得非常快。据专家计算,海面上的海浪,到达相当于海浪波长深度时,波高只有海面波高的五百分之一。也就是说,波高5米的海浪,波长为100米时,传至水深100米处,波高就只有1个厘米,几乎没有海浪的影响了。所以说,海浪的波高在表层最大,而到深层,波高就很小了。

151. 为什么会产生"疯狗浪"?

"疯狗浪"是一种突如其来的大浪,对正在海上航行的船只和驻足岸边的游人具有很大的危险性。"疯狗浪"可以把垂钓者卷入海中,可以倾覆小船,对航运、海港设施、海洋及海岸工程等都有潜在威胁。"疯狗浪"有突如其来的特点,那么,它是怎样形成的呢?一些学者对"疯狗浪"作了剖析,认为"疯狗浪"有以下几种:一是发生前海面相当平静,出现的征兆是海面突然降得很低,然后可以看到稍前方的海面上有排浪推近,并且达数层楼高。

疯狗浪花

二是认为"疯狗浪"是一种长波浪,它是由各种不同方向的小波浪汇集而成,遇到礁石或岸壁时,因突然猛烈撞击而卷起巨浪;它也可能是由许多碎浪组合而成的一条较长的波浪,遇到V型海岸即有极大的冲击力。三是该海浪的生成起因于风的影响,持续的东北季风与同类风速共振的波浪,往往生成巨大的涌浪。对于第四种原因,专家们的看法并不一致,有人认为是移动性的小风暴,或不同波长、方向的波浪相传并叠加所造成的;有学者认为是海底山崩所造成的;也有人认为是一种潮波或某种近岸流所造成的;也有人认为是远地传来的长涌浪。总之,"疯狗浪"的成因尚未完全弄清。

152. 风浪和涌浪的区别是什么?

人们常常听到风浪和涌浪两个名词,它们有何区别呢?风浪和涌浪的区别主要在于:"风浪"是尚处于波浪形成区的那些波浪;而从风作用区涌出的和已开始衰减的相对长波则被称作"涌浪"。海洋学家通常用"衰减"这一术语,来表示由风浪变成涌浪的过程。风浪波峰尖削,在海面分布不规则,波锋短,周期短,风大时波峰常常破碎,出现白色浪花。涌浪波面比较平滑,波峰大,周期、波长也较长,在海面上传播比较规则。在海面上,风浪和涌浪会单独存在,也往往同时存在,其传播方向也会不同。涌浪不像风浪那样复杂多变,波面比较平滑,波峰宽度和波长都较大,波形接近于摆线。涌浪在传播过程中的显著特点是:波高逐渐降低,波长、周期逐渐变大。涌浪的波长要比它的波高大 40 倍~100 倍,非常低的涌浪(先行涌),其波长可能超过波高的 1000 倍以上,这种涌浪在海上是难以发觉的,而仅在靠近海岸的地方才能觉察出来。由于波长越长的浪传播速度越快,它往往比海上风暴系统移动得快。在特里斯坦达库尼亚群岛的强烈西风区产生的涌浪,每昼夜能传播 1852 千米,经 2 天~3 天就可以到达几内亚海岸。在太平洋,从南极风暴区传来的涌浪竟可以到达 10000 千米以外的阿拉斯加海岸。

153. 风浪能影响到多深的海底?

波浪作用所及的深度不取决于波浪的高度,而主要取决于波浪的长度。随着海水深度的加大,波浪运动会很快衰减。实际上,波浪对深水区的海底不产生作用。潜艇只要潜到水下40米,即使在台风区也只能感受到轻微的影响;如下潜到60米处,再大的风浪也不会产生什么影响了。

154. 什么样的波浪对海上航行的舰船会产生破坏性影响?

对海上航行的舰船来讲,最危险的是舰船的剧烈摇晃,这种剧烈摇晃会使舰船产生过度倾斜和颠簸,甚至造成破损或断裂。这种摇晃主要是由陡峭的波浪引起的。这种陡峭的波浪通常发生在风暴的初始阶段。相对而

破坏性波浪

言,小型舰艇有时比大型舰艇更能经受住风暴的袭击。因为小型舰艇一般能爬上一个波浪的斜坡,而从另一面斜坡滑下。大型舰船则不能,因为它的船身较长,一旦它的中心位于波谷和波峰,在特别巨大的应力作用下,有时就会使舰船折成两段。

155. 波浪与海岸工程有何关系?

波浪除了对海中航行的船有破坏力外,对海岸的工

程设施也有巨大的破坏力,因此在进行海岸工程设计时,首先要考虑波浪要素,根据波浪的冲击力来设计海岸工程的强度。如海港防波堤的设计,除应考虑泥沙阻碍以及潮差等条件外,最重要的一点是防止波浪的冲击,以保障船只在港内的安全。海浪的破坏力是惊人的:拍岸浪对海岸的压力可达到 30 吨/平方米~50 吨/平方米。在一次大风暴中,巨浪曾把 1370 吨重的混凝土柱移动了 10 米;20 吨重的重物也被它从 4 米深的海底抛到了岸上。巨浪冲击海岸时能激起几十米高的水柱,因此建筑海港时必须考虑海浪的作用力。通常海滩的坡度、波浪与海岸的交角、波浪开始破碎时的水深等,均与破碎激浪的高度有关,水工建筑物造价昂贵,如在海深 8 米处建造能防御 5 米波高的防波堤,每 1 米就需 1 万元,防波堤高度的设计若过高,则会浪费工程费用;过低,则不足以产生防波的作用。不仅如此,防波堤的堤度与形状的设计,若能适应波浪形成的趋势,也可以减低激起波浪的高度,所以说,海浪与海岸工程设计关系密切。

156. 波浪与航运有何关系?

很早以前,也就是人们对海洋学未作应用研究以前,在大洋上航行的船只均采用大圈航行法,即在地球球面上,采用最短的距离航行。在发现大洋中的海流分布后,采用了顺应海流的航路。自 1957 年起,美国已开始试验一种顺浪航行法,即视海洋中天气与波浪的情形,随时改变方向,使船只保持顺浪前进。据悉,从东京到旧金山,原为 18 天的航程,若采用顺浪航行法,可节省 36 小时,因此,航海者若能熟悉气象与波浪的情形,则获益匪浅。海浪还可引起船身的共振,严重威胁生命财产的安全。历史上曾有一只俄国船只行至东海时,由于船身的共振,船长被摔死了。海浪对航运有好的一面,也有其不利的一面,只要按照科学规律办事,海浪会给人类带来很多益处。

157. 海浪对海军舰艇有什么影响?

海浪对海军作战行动的影响很大,它可使舰艇颠簸、摇摆,并引起舰体各部分应力发生变化,还会影响武器的使用效果呢!如果舰艇摇摆超过一定限度,就会造成舰艇的倾覆。对于停泊在港湾、锚地的舰艇,有时也会因海浪太大而使系船索和锚链崩断,造成碰撞事故。舰艇在大浪中航行时,为了预防主机因推进器离开水面负荷急剧改变,需要不断变换主机转数,这又使舰艇航速不得不降低。海浪还能使水雷脱离锚链,从而降低雷区触雷概率。另外,大浪和拍岸波还会严重影响登陆作战,因此,在选定登陆点和登陆时机时,上述因素往往是必须考虑的。

波涛汹涌

158. 拍岸浪对海军有什么影响?

在军事行动上,拍岸浪对海军登陆行动影响甚大,被称为登陆作战中的危险海浪。它既影响舰艇靠滩和退滩,也影响舰艇卸载和人员上陆,对两栖车辆航行上陆也有严重影响。拍岸浪对海岸的压力有时可大到每平方米

20吨。这样大的拍岸浪,不仅会造成登陆舰艇和两栖车辆难以抵滩,甚至有可能将其摧毁。一般来说,在拍岸浪高于1.3米以上时,该海岸就不宜实施登陆作战了,必要时只有大型登陆舰尚可冒险抵滩;在拍岸浪高于1.5米以上的海岸,军事上是绝对禁止实施登陆作战的。

159. 海滩坡度对海军有什么影响?

海滩坡度主要对海军登陆作战影响较大。如海滩坡度大,登陆舰艇抵滩后,登陆官兵上陆涉水距离就小;但坡度过大,又不利于登陆舰艇卸载,因为舰艇抵滩时,船底与海滩的接触面小,很容易受到风、流、浪等水文条件的影响,使舰艇的稳定性变差。另外,海滩坡度过小,又会增大登陆官兵上陆涉水距离;同时,登陆舰艇船底与海滩接触面过大,也容易搁浅和造成退滩困难。然而,海滩坡度小又有利于气垫艇和两栖车辆上陆。因此,海滩坡度大小,是登陆作战指挥员必须考虑的因素之一。

160. 海滩底质对海军登陆作战有什么影响?

除了海中流、浪、潮以外,就连海滩底质也对海军登陆作战具有重要意义呢。海滩底质通常分为三种类型。一是沙泥底、沙底和硬泥底。这类滩底的特点是表面均匀平滑,能承受较大的压力,不易损伤舰体,有利于登陆官兵和武器装备迅速上陆,但沙底易形成沙埂,给登陆舰艇抵滩造成一定困难。二是沙砾底、圆砾底、平坦的岩石底。这类海滩的特点是底质坚硬,登陆舰艇抵滩时必须慢速接近,否则容易碰撞和搁浅。另外,岩石底无锚抓力,登陆舰艇抵滩后稳定性差,不利于重武器卸载。三是泥底、礁脉乱石底、珊瑚底等。这类海滩通常不利于登陆作战,因为泥底承载力差,易于下陷,直接影响登陆舰艇抵滩。礁脉乱石底和珊瑚底则会对舰艇停靠造成一定危险,登陆官兵和武器装备均难以上陆。

161. "中国的好望角"在哪里?

好望角是一个终年有狂风巨浪的地方。同学们知道吗,我国也有一个地势险峻、浪大流急的岬角——成山头,这里被海员们称为"中国的好望角"。成山头位于山东半

好望角激浪

岛的最东端,是伸向黄海的一个岬角,海图上称它为山东高角,它把黄海分成北黄海和南黄海两个海域。成山头是成山山脉的最东端,也被称为"天尽头"。成山头岬角下危石嶙峋,巨壁兀立,水流湍急,波大浪涌,一派险象。再加上这里一年四季多迷雾天气,每当船只航行到这里时,海员们无不被这一派险境所震惊,企望能平安渡过难关。

162. 好望角为什么终年狂风巨浪?

好望角的险要是世人皆知的。但为什么它终年狂风巨浪呢?原来好望角的终年狂风巨浪,是与它所处的地

海洋水文

理位置有着密切关系的。在南半球中纬度地带,只有非洲的好望角、南美洲的合恩角,以及澳大利亚南部沿岸和新西兰的南岛位于这里,其他几乎被三大洋的南部海域所环绕,构成一个封闭的水圈,通称为南大洋。这里终年西风劲吹,风暴频繁,巨浪滔天。常年的西风,把海水也驯服得环绕地球由西向东奔驰,形成了著名的"西风漂流"。这是由于低纬度的热能在向两极输送过程中,

破坏性狂风巨浪

相当大的部分要消耗在这里,同时南极冷空气不停地向外扩散,在这两股冷暖差别较大的气流夹击下,中纬度地带就成了温差最大的地区,冷暖气流不断交汇运动,导致这里风暴巨浪频发。

163. 内波是怎样产生的?

海洋里有浪、潮、流的自然现象存在,那怎么还有"内波"呢?实际上,"内波"是海洋中的一种波动现象,从字面上看,内波就是发生在水里的波动。内波的产生,应具备两个条件,一是海水密度稳定分层,二是要有扰动的能源,两者缺一不可。正如海面与空气之间密度不一样,加上风力的扰动作用,就会出现海面上的狂涛巨浪一样。而在海洋深层,当海水因温度、盐度的变化,出现密度分

层后,经大气压力变化、地震影响以及船舶运动等外力扰动,就可能在海水内部引发一种新的波动——内波。

164. 内波与波浪有什么区别?

内波与海面波浪虽然都是液体波动,但它们却又各不相同。原来,内波与波浪形成的界面不同,波浪的特点在海表面可反映出来,而内波是在海表层以下出现的。波浪的形成与风有关,因此在海面形成的波浪,它的波动最大值在海面,并随着深度增加而减少,到达一定深度就消失了。而内波则是由于当海水密度上下分布不均匀时,尤其是出现跃层,也就是两层海水的相对密度值大于0.1‰时,就会在外力扰动下,在两层海水界面上产生。

那么,内波不产生在海表层,它也有波高吗?告诉你吧,内波的波高可大啦,一般情况下,它比海面波高要大得多,大的可达几百米呢;内波的波长一般有几百米,甚至在万米以上。这主要是由于海水密度和空气密度的差异不同引起的。因为在同样的外力作用下,使海水内部产生的波动,要比海面上大很多。这种现象就犹如在水中抬起重物,要比从海面抬到空气中省力很多一样。

165. 内波的破坏力有多大?

大家已经知道海浪的破坏力是很大的,那么,内波有多大的破坏力呢?可以这样说,内波的破坏力比海浪的破坏力要大多了。内波虽不像海面波浪那样汹涌澎湃,但它隐匿水中,暗中作祟,常使人们防范不及,故有"水下魔鬼"之称。

内波的破坏力,主要是在产生内波的跃层上下,会形成两支流向正相反的内波流。这种内波流流速每秒可高达1.5米,犹如剪刀一般,破坏力极大。加拿大戴维斯海峡深水区的一座石油钻探平台,就曾遭受内波袭击而不得不中断作业。为此,美国英特俄辛公司还为其安装了内波预警系统,以保障它安全作业。内波峰高谷深,垂直作用也很大。1963年4月10日,美国"长尾鲨"号核潜艇,在大西洋距波士顿港口350千米处突然沉没,艇上129人无一生还,事后经过对沉入海底、变成碎片的潜艇残骸分析判断,下沉的原因就是潜艇在水中航行时,遇到了强烈的内波,将它拖拽至海底,潜艇因承受不了超极限的压力而破碎,这就是强大内波垂直力作用的后果。

166. 内波在军事上的影响有多大?

海洋中存在着各种密度的水层,在两层密度差较大的水层之间会形成一种波浪,这种波浪只在海洋深处流动,通常在海面很难直接看见,这就是内波了。内波在规模上可比水面的浪要大得多,一般波高10米~40米。如果军用舰艇在有内波的海区航行,有时会出现航速降低甚至停滞不前的现象,有人将此现象称为"死水"现象。由于内波分界面上下两侧水流具有相反的流向,所以会给潜艇航行造成巨大的困难,甚至还可能把它抛出海面呢!同样,内波也会严重地影响鱼雷发射的准确性。

167. 你听说过孤立波吗?

孤立波,是一个形单影只的波,它的发现在历史上还有一段趣事呢!那是在1883年的一天,一位英国爵士史密斯先生失恋后,百无聊赖,他满心惆怅,呆滞的目光总是盯着海面。突然,海水中出现一个鼓包状的水包,这个鼓包不像别的浪花转瞬即逝,而是一成不变,慢慢地向前移动。史密斯爵士对这一奇特现象产生了兴趣,下意识地伴着马蹄的嘀嗒声,随着鼓起的水包向前走,不知不觉走出了8千多米路,水包仍在向前移动。科学家们知道这一现象以后,对这件事产生了极大兴趣,并试图给予科学的解释。原来,这是孤立波的现象。在特定的条件下,水中会产生一定形状的波,其自身是不消耗能量的,构成这一定形状的水分子行进的速度一样,就像组成一个方阵的士兵在步调一致地前进,方阵会一直保持下去,该形状的波也会同样保持下去,直到外界破坏了水分子的运动速度,该波才会消失。

168. 什么是海冰?

对于冰,北方的人们是不陌生的,而海冰则有许多人没有见过。海冰是出现在海上的冰,包括来自陆地的淡水冰和由海水直接冻结而成的咸水冰,但一般多指咸水冰。由于冬季气温逐渐降低,海水温度随之下降,冷却至冰点以后,海水密度达到最大值,海面就会出现结冰。海冰有不同的冰型、不同的分类。海冰在冻结与融化过程中都会引起海况的变化,海冰中的流冰还能给舰船的航行和海上建筑物造成严重危害呢!

169. 中国的海冰有什么特点?

中国的海冰以渤海北部最重,鸭绿江口附近次之,渤海南部最轻,营口、葫芦岛、普兰店等港湾较重,冰期约为3个月,冰厚20厘米~40厘米。一般说来,中国的海冰

并不严重,但在特殊天气下也会形成严重的冰封。近 60
年来中国渤海曾出现过 4 次较大的冰封,那就是 1936
年、1947 年、1957 年和 1969 年,其中以 1969 年最严重。
那是在 1969 年 2—3 月间,渤海海面上出现了有记载以

海 冰

来的最严重的冰情。冰情发生后整个海面几乎全被海冰
覆盖,沿岸都有冰堆积。一般高达 2 米,最高达 9 米以
上,大沽口外还形成了冰山。黄海北部的结冰范围,达到
了 30 米海水等深线附近,使海上建筑物遭到破坏,对海
上交通也造成了极大困难。在 1 个月内就有 7 艘船被流
冰推置搁浅,19 艘轮船被浮冰夹住不能航行,还有 5 艘万
吨货轮的螺旋桨被冰块撞坏。

170. 海冰对人类有什么益处?

　　海冰是海洋中一切冰的总称,它包括由海水冻结而
成的咸水冰以及由江河入海带来的淡水冰,也包括极地
大陆冰川或山谷冰川崩裂滑落海中的冰山。我国的海冰
大多数是海水冷却直接冻结而成的,也有少量是来自河
流入海的淡水冰。

一提起海冰,人们就会想到,海冰能撞毁巨轮,阻塞海上交通;海冰能大量反射太阳辐射,使海水吸收的太阳能大大减少,严重阻碍海洋和大气之间的热量交换;等等。但是,实际上海冰不光有缺点,它还有许多优点呢。地球的两极海域都有巨大的海冰覆盖,海冰作为地球上冰资源的组成部分,对影响全球气候变化和海面升降起

冰　山

到十分重要的作用呢!地球上现存的冰的总储水量约2.4千万立方千米,也就是说,如果全球气温升高,使这些冰全部融化的话,将会使海平面升高50米~85米。另外,地球淡水资源极其有限,仅为0.35亿立方千米,而68.7%以上的淡水又是以冰雪的形式存在的。可见,冰山对人类来说有很大的可利用性。人们现在正在开发利用海冰,让海冰为人类作出贡献呢。

171. 海水结冰与什么因素有关?

我们知道,淡水表面受冷,密度增大,水温降到4℃时,

表面水因密度最大而向下沉,下层水被迫上升,这样就发生了上下对流作用。这种对流作用一直进行到上、下层的水温都达到4℃为止。此后,如果温度继续下降,表面的冷水便不再下沉了,到了0℃就开始结冰。但是,由于海水含有盐分,结冰过程比淡水复杂得多,海水无论是其冰点温度还是其最大密度时的温度均与盐度有关。另外,海上结冰与否还受到风浪的影响。可见,盐度、温度、密度、海水的流速和风浪的大小都是影响海水结冰的重要因子。

172. 世界上哪几个地区海冰严重?

世界上有海冰的海域很多,那么,哪几个地区海冰最严重呢?科学家经过调查已经得出以下结论:在北冰洋的中央和南极大陆的周围冰情最重,即使在夏季,海水也是要结冰的。其次是北冰洋的巴伦支海、拉普贴夫海、波弗特海、加拿大的北极群岛海域以及巴芬湾、拉布拉多半岛附近海域、哈得孙湾、圣劳伦斯湾等。在那里,冬季一到就会结冰。在欧洲的波罗的海、波的尼亚湾、芬兰湾,太平洋边缘的白令海、鄂霍次克海等沿岸和近海也经常出现大量的海冰。

173. 为什么海湾和河口区容易结冰?

海水结冰有这样一个现象:在寒冷的冬天,海湾的水容易结冰,而大洋的水却不容易结冰,这是什么道理呢?原来,虽然海水到达冰点后就开始结冰,但由于自然条件和气象条件的影响,海水结冰的情况就有所不同了。例如,在风浪较大的大洋中,由于风区大,水流动的速度快,海水不易结冰。但在无风的海湾和河口,在海面平静的条件下或小潮期间,海水流速慢,结冰就迅速得多。因此,淡水流入的河口区及水浅或伸入陆地的海湾都容易结冰。

174. 海水结冰有什么特点?

人们通常所说的海冰,往往指海洋中出现的各种类型的冰的总和。然而,确切地说,只有海水冻结而成的咸水冰,才是真正的海冰。海水结冰和淡水结冰的条件不一样。海水结冰需要三个条件:气温比水温低,水中的热量大量散失;相对于水开始结冰时的温度——冰点,已有少量的过冷却现象;水中有悬浮微粒、雪花等杂质凝结核。淡水在4℃左右密度最大,水温降到0℃以下即可结冰;而海水中含有较多的盐分,

冰山奇景

盐度比较高,结冰时所需的温度比淡水低,密度最大时的水温也低于4℃。随着盐度的增加,海水的冰点和密度最大时的温度也逐渐降低。例如,当海水的盐度为10时,冰点为零下0.53℃,密度最大时的冰点为零下1.86℃;盐度为40时,冰点为零下2.20℃,密度最大时的冰点就是零下

4.54℃了;更有趣的是,当海水盐度小于24.69时,密度最大时的温度比冰点高,这时海水与淡水一样,海水从海面开始结冰;而当盐度大于24.69时,密度最大时的温度比冰点低,只有对流混合层中从上到下海水都达到冰点时,上下便可同时结冰了。

175. 大洋冰山是什么样子?

大洋中的冰山景色是非常奇特的。真正的冰山是高出海面5米以上,漂浮在深海中或搁浅在浅海及岸滩上的巨大冰块。冰山的高度可达几十米至上百米,长度通常在几百米到几十千米,最长可达数百千米。冰山有着各种各样的形状:有的像课桌或办公桌,称为桌状冰山;有的像金字塔,上细下粗,称为尖顶冰山;有的就是个长方形的庞然大物,称为冰岛;有的状如楼阁;有的状如城堡;有的状如平顶、尖顶的山峰;等等。但总体来讲,冰山可分为三种形状:平顶形、圆顶形和破损形。平顶形冰山主要是从陆缘冰断裂下来的,表面光滑平坦,水上部分的高度为30米～40米,水下部分比水上部分大5倍,长度从几百米到几千米不等,个别的可达几百千米。圆形的冰山则是从南极大陆的冰下山谷流向大海出口的冰川末端断裂下来的。冰川沿着不平的谷底流动,内部出现纵横交错的裂缝,在那些深的裂缝处分离出一座座的冰山。冰山是在接近大洋时,在海水、空气温度和海浪的冲击作用下不断融化慢慢形成圆形的。由于冰山各个部分受到作用程度的不同,因此,冰山经常自动倾斜,翻转的事也经常发生。因此,当船舶航行时,靠近破损的冰山是相当危险的。

176. 世界上的冰山集中在哪里？

人们听说过新疆的天山有冰山，东北有冰山，其实，真正的冰山不是在陆地上，而是在海洋里。在南极和北极附近的海面上，漂浮着许许多多的冰山。有人统计过，在南极周围的海域里大约有22万座冰山。据说每年由上百条从格陵兰岛流向海洋的冰川中可断裂出1万～1.5万座冰山。其中，最高的冰山可高出海面134米；最长的冰山长

方形冰山

350千米；冰山的宽度最大的达96千米。南极冰山的形状虽是千姿百态，但以顶平矮长者居多，像许多巨型"冰坝"，横排在海面上。北极海面上的冰山比南极要少得多了。从北极的冰盖每年断裂出的1.5万座冰山中，约有400座向南漂移达纽芬兰海域。北极冰山的形状多不规则，以尖而高者为多，远远望去好似兀立的峰巅。在北极海域也曾发现过两座最大的平顶冰山，长度分别为12千米和7千米，厚度为100米～200米，人们将其称为"浮冰岛"。冰山的体积90%处于水下，这是因为冰的密度约为水的密度的90%的缘故。因此，露出海面的冰山，只是整个冰山体的一

小部分。你若乘船到南极去,路上最危险的莫过于遇到冰山了,冰山在解冻过程中会突然破碎和翻转,船舶若是遇上,岂不是凶多吉少!

177. 为什么两极海域会有冰山呢?

天寒地冻的极地为什么会有这么多冰山在海中漂移呢?其实道理很简单。两极地区日照短,气温低,终年被厚厚的冰雪覆盖着。这些厚厚的冰雪形成了一望无际的"大冰盖"。处在冰盖边缘的许多"冰舌",直接伸进海洋里。在长期狂风巨浪的冲击下,这些"冰舌"便从冰盖上断裂分离开来,摇身一变就成了漂浮在海水中的冰山。在海浪和海流的推动下,这些冰山便开始了它们随波逐流的"流浪生涯"。在南纬35度以南的南太平洋、南印度洋和南大西洋中,都会发现源自南极的冰山。而北冰洋中的冰山则通过格陵兰海、挪威海和白令海峡,分别进入大西洋和太平洋,更远的可以到达纽芬兰海域和日本海北部。其实,这些冰山并非由海水冻结形成的,而是大陆冰或陆架冰的断块。因此,它是纯粹由淡水结的冰,是固态的冰川水。科学家们正在研究如何把两极的冰山运到缺淡水的地方使用呢!

178. 海冰与冰山冰是一回事吗?

你知道海冰与冰山冰有什么区别吗?实际上,海冰与冰山冰完全不同,海冰是海水结冰,冰山冰是淡水结冰。海冰是海水在零下1.9℃以下凝结而成的。结冰初期,海冰的盐度为2~10,随着结冰速度的加快,许多盐分便析出附着在冰晶之间,此时海冰周围海水的盐度也大

大增加。正因为如此,当把海冰溶化后,所得到的水就不是淡的而是咸的了。海冰的厚度一般不超过3米,形状

多形冰山

也呈鳞片状,与岸边连片的海冰,多数是固定冰;被风浪冲撞成块,漂流在海洋中,往往会形成流冰群。而冰山冰是淡水冰,这也是为什么科学家想利用极地冰块补充淡水而不用海冰的原因。不管怎样,当海冰和冰山冰超出常量时,往往会影响环境,造成大范围的气候异常。这一异常现象,已引起科学家们的极大关注。

179.北冰洋的海冰有什么特点?

北冰洋的冰有其独特之处,那就是在冬季,它是世界上唯一可以步行通过的大洋,它的大部分海域都被平均厚3米的冰层所覆盖。

冬季,北冰洋海冰的总面积在1000万平方千米～1100万平方千米之间,占整个北冰洋(1478万平方千米)面积的

68%～74%,夏季虽缩小为 750 万平方千米～800 万平方千米,但也占整个北冰洋的 50%～54%。在北纬 60 度～75 度海区,海冰的出现是季节性的,常有一年的周期。而边缘海区,冰盖边界不固定,随着水文气象条件的变化,往往可以变动几百千米。北冰洋的冰盖各地性质不同。在北冰洋的亚洲、欧洲沿岸各边缘海,除了挪威海和巴伦支海的西南部,因为受大西洋暖流的影响,冬季一般不结冰外,其他海区冬季都会形成 0.5 米～1.8 米厚的岸冰和当年冰,到夏季大部分融化。但在这些海区,即使在温暖的 7—8 月份,没有破冰船也难以通航。北冰洋中部和距北美大陆不远的洋面,即使在夏季(7—9 月),仍然覆盖着厚厚的冰层,人们把这些地区称为永久冰区。由于风、洋流和冰层相互挤压的结果,永久冰区并非想象中的连片冰原,而是由大大小小的北极冰丛、浮冰、冰山和冰岛所组成,冰块之间分布着冰沟、冰窟窿,还有冻结不久的当年冰。

180. 海平面是平的吗?

在日常观测中,人们习惯以海平面为基准来测量陆地上物体的高度。那么,海平面是平的吗?其实,海平面并不是平的。海平面也有高低与起伏。当卫星遥感技术应用于海洋之后,人们惊奇地发现,海平面其实也和陆地一样,有着不小的起伏,只是这种起伏范围在数千千米,站在陆地上的人们是很难凭肉眼分辨的,只有借助于卫星精密测量仪器的测量,才能准确地测得海洋表面起伏的变化情况。迄今已查明,世界各大洋的海面存在有三个较大的隆起区。在澳大利亚东北的太平洋海域,它的最高点比平均海面高出 76 厘米;北大西洋海域,高出平均海面 68 厘米;非洲东南的印度洋海域,高出平均海面 40 厘米。另外还存在有三个较大凹陷区,其中凹陷最深的是印度半岛南面的鳙洋,它的最低点低于平均海面 112 厘米;其次是加勒比海海域,它的最低点比平均海面下凹了 68 厘米;第三个是位于美国加利福尼亚以西的太平洋,它的凹陷深度为 56 厘米。

181. 外力作用对海平面变化有什么影响?

海水是流动的,那为什么会出现凹凸不平的面呢?原来,海水起伏的原因是地球各处的重力场不同,海水受力也不同,从而引起了海面的凹陷与隆起。再就是由于地球表面的环境因素,如温度、气压、风力等,使海水密度、海面压力等不同,从而影响海平面。在地球上,同一物体在不

海水流动

同地点受到的引力是不同的,一般地说,离地心越远,重力越小。静止液体的表面,应当处于重力垂直,也就是处于

"等重力位面",否则,在重力差的作用下,液体就要流动,直到表面各质点重力相等为止。另外,气温、气压对海平面也有影响。在通常情况下,气温高时,海水的密度相对较小;反之,其密度就相对大些。当海水密度值比较大时,海水就处于下沉状态。同样,某一海域在大气压的作用下,海面也会产生下凹,把海水挤到那些密度小、气压作用较弱的地方去,使那儿的海面向上隆起。

182. 海平面为什么会上升?

大家已经知道海洋里的水受各种因素的影响,时刻都在变化着,其直接的表现就是海平面的变化。据许多学者的研究和计算,近100年来海平面上升值约为10厘米~20厘米。对未来100年海平面的上升值,科学家们各自的估计值相差很大。一般认为,到2100年,海平面上升可能在0.25米~0.58米。海平面的上升会给人类带来相当大的灾难。如果海平面每年上升3毫米,整个海洋一年中增加的海水量就有1083亿吨。那么,究竟什么原因使海平面上升如此之快呢?除了地壳运动外,气候变暖是海平面上升的主要原因。近几年的海平面上升,从全球范围来讲,普遍地认为是由于世界性气候变暖的原因造成的。也就是说,"温室效应"是海平面上升的元凶。由于"温室效应"的原因,世界性气温升高已成事实,气温升高后首先海水会受热膨胀,因为海水量巨大,它的膨胀必然引起海平面的一定变化。再就是由于气温的升高,地球上的冰川渐渐地融化。从近年来的报道可以知道,大陆冰盖边缘有的已经开始溃滑,高山的冰川也在退缩,特别是南极冰山也在缩小,这样,就会有巨量的冰化为水进入海洋,导致海平面上升。另外,厄尔尼诺现象也促使部分海域海水温度升高,这对海平面上升也会带来影响。

183. 怎样控制海平面的上升?

海平面上升带来的危害使人们感到恐惧,促使人们努力去掌握海平面上升的规律及原因,以便有可能控制海平面的上升。海平面上升的罪魁祸首是"温室效应",人们首先应该在减缓气候变暖方面下些工夫,减少大气层中二氧化碳的含量。同时要掌握海面上升变化的情况,在沿海多建一些潮汐观测站,以便于收集和积累更多的资料,研究出更为先进准确的预报方法,做好早期预报。另外,也不可以忽视地壳变化对海平面变化的影响。只要人类团结一致去对付这个新的挑战,就一定能达到目标,尽管实现这个目标是十分艰巨的任务。

184. 海面可以凹下多少?

在日常生活工作中,人们常会用"一碗水端平"来形容对事物处理的合理的尺度,也就是说,水面应该是平的。但是,法国科学家用"地形试验镜"号卫星上的雷达测得,波多黎各海域50千米范围内的海面竟然凹下了30米。而且这个卫星高度约1300千米,测定轨道和海面间距离的精度可以达到正负10厘米,应该说是相当准确的。那么,海平面这种下凹是什么原因引起的呢?参加该卫星设计的美国专家解释说:这是因为水下山脉吸引海水所引起的。在这里,水下地形是隆起呈凸状的。

185.马尔代夫会因气候变暖而失去家园吗？

马尔代夫是一个平均海拔不足1.5米的国家,根据联合国有关部门的预测,全球海平面至2100年可能升高0.25米~0.58米。到那时,马尔代夫的部分国土将被淹没,变得无法居住。

马尔代夫是一个岛国,由1196个岛屿组成。群岛中80%是珊瑚礁岛,地势低平,平均海拔不足1米。现在,26个环状珊瑚礁构成了马尔代夫的1196个

水中陆地

岛屿,其中200个适宜人们长期居住。在过去的10多年里,由于气候变暖,水位的上涨加上珊瑚生长得越来越缓慢或因水温的升高而褪色死亡,导致珊瑚礁不能遮蔽岛屿,风浪正在迅速地侵蚀着这些岛屿的海岸线。

由于气候变化导致马尔代夫生态环境变化,使许多岛屿遭受了毁灭性的破坏。道路和房屋崩塌入海,椰子树被冲走,地下水被海水倒灌污染严重,在许多岛屿已不能饮用。旅游产业遭到了抑制,一些度假屋因为不断的洪水泛滥而不得不弃用,曾经被用来享受日光浴的海滩也被淹没。由于常发生海啸,人们的生命没有保障,居民们不得不永远离开曾经居住的岛屿。迄今为止,已经有20个岛屿被遗弃。马尔代夫国正面临被遗弃的困境。

186. 为什么马尔代夫要考虑举国搬迁？

海平面的上升使马尔代夫面临被淹没的危险,整个国家也在为最坏的情况发生做准备,那就是举国搬迁。纳希德总统说:"如果海平面没过我们的头顶,我们就必须搬迁。我们认为这种情形在60年至70年之内还不至于出现,但马尔代夫必须从现在开始就有所准备。"2008年11月,曾有一则新闻引起了广泛关注:马尔代夫总统穆罕默德·纳希德表示,他的政府将开始从每年10多亿美元的旅游收入中拨出一部分,纳入国家的"主权财富基金",用来购买新的国土。

水下会议

作为一个人口不到40万的小国,马尔代夫在世界上的影响力有限。但在气候变化面前,马尔代夫已经成为人类命运的一面镜子。2009年10月17日,马尔代夫总统及副总统等11名内阁官员潜入水下开会的另类行为能让更多的人醒悟过来,使其采取行动拯救马尔代夫,同时也拯救自己。

187. 古人有应对海平面上升的办法吗？

在古巴北部地势比较平坦的谢戈德阿维拉省,考古人员发掘到了一处古代建筑,而且证明从公元前5000年起,这一带一直有人居住。

当年，在这里居住的是罗布其隆人。罗布其隆人的房子有点像中国少数民族的吊脚楼：下面有桩基，而桩基就打在环湖礁地面上。环湖礁外面还有陆地，陆地外面才是大海，于是这片陆地就成了阻挡风浪的天然屏障。像这样把房子建在水面上的做法，反而不容易受洪水的袭击。相比之下，居住在山里或者位置较高的陆地上，表面看来似乎更有胜算，然而，这只能说，只有在海边天气反复无常的时候是如此。可如果遇到暴雨和山洪暴发，那么，山里的房子再怎么坚固都难逃厄运。而在环湖礁上的房子，不管洪水是从陆地上冲下来，还是从海里打过来的，都会从房子脚下安全通过，房子反而可以安然无恙。从考古证据看，这一推论应该是正确的：专家们采用放射性同位素的方法测定表明，那里的柱子已在原位牢牢竖立了好几百年，而更重要的是，那些木桩的树皮还保存完好。如果木桩曾经被洪水冲垮过，然后原位重新竖立起来，树皮是不可能保存下来的。这就说明，那些木桩从来就没有倒过。

在加勒比海地区一些更为古老的地方所发掘的木桩，情况也大同小异，这就进一步说明，这种吊脚楼式的古建筑风格，是千百年来当地人应对反复无常天气的最佳方式。

188. 为什么气候变化会使海洋变酸？

2009年6月，来自70多个国家的科研机构在德国波恩举行的新一轮气候谈判中警告说，气候变化将会使海洋不断酸化，这将严重危及海洋生物的生存。

那么，海洋为什么会由于气候而变酸呢？这都是由于气候变暖会促进海洋吸收二氧化碳数量的不断升高，使海水的化学成分发生变化。实际上，海洋酸化不仅改变了海洋的化学成分，重要的是它破坏了海洋生物的生存环境，使海洋生物的骨架、外壳等无法正常形成，珊瑚礁等也在腐蚀性环境中不断解体。这种海洋酸化现象一旦形成，在未来数千年内都无法逆转，由此带来的生物学影响会持续更长的时间。

参加本次会议的70多个国家科学院所呼吁，为了避免海洋生态系统遭受严重损害，全球的二氧化碳排放量到2050年必须比1990年时降低至少50%，而且之后还必须继续降低。

南极企鹅

189.海水升温促进北极甲烷气体释放会有什么危害？

科学家们发现，由于气候变暖，北极海冰已经开始融化，北极地区海床底部数百万吨的甲烷正缓慢地向大气中释放。甲烷是人们已知的温室气体之一，如果它大量地涌入地球大气中，那将使空气中的二氧化碳含量增多，导致全球气候变暖的速度加快。又由于甲烷能够与海水中的氧气发生反应，从而将氧气从海水中除去。所以，甲烷的增多将使海洋中的氧气损耗严重,导致海洋生态的大灾难。

190. 里海的水位为什么上升?

里海位于欧亚大陆之间,南岸属于伊朗,东、西、北岸属于俄罗斯。里海是世界上最大的咸水湖,它长约1200千米,平均宽度为320千米,有伏尔加河、乌拉尔河等大小130多条河的河水流入。长期以来,里海的水位特点是不断下降,面积在不断缩小。而令人惊奇的是,里海的水位有时也会呈上升趋势。据1994年11月29日俄罗斯《消息报》称,里海的水位比1929年时高出了2米多,造成里海西北部的土地减少。一些科学家分析,里海水位变化的主要原因是气象条件的变化或地壳构造的变动;还有海陆和大气的相互作用等原因造成的。

191. 水位变化对海军有什么影响?

由于受潮汐、风浪的影响,海洋上某一点的水位无时无刻不在变化,这种变化对军用舰艇的航行、扫布雷和登陆作战等都有着直接的影响。比如:舰艇在通过潮差显著的浅水海区或靠近沿岸某些地点停泊时,必须随时观测水位变化;特别是吃水较深的舰艇,在通过水深较浅的航道时通常要候潮航行,也就是要等到涨潮水位升高时,才能安全通过,否则就有搁浅的危险。海上布雷之所以也要密切注意水位变化,是为了防备水位降低时所布锚雷会浮出水面,暴露了水雷的位置;还要防备水位升高时,锚雷又会因定信深度增加而不能发挥作用。在登陆作战中,水位的变化既可以成为有利条件,也可以成为不利条件。比如:

在选择登陆地点、登陆时机和登陆工具时都必须考虑到水位的变化规律。早在1661年4月,民族英雄郑成功在收复台湾前,曾详细了解当地的水文情况,得知大船要进入台湾攻打赤嵌城只有两条航道可进:一条是南航道,港内水深,进出方便,但岸上有重兵把守;另一条是北航道鹿耳门,水浅礁多,航道狭窄,又有许多破船沉没在那里堵塞了航道,但敌人设防薄弱,高潮时大船可以通过。于是,郑成功选择了鹿耳门航道,于4月30日率船队趁高潮时顺利地通过了鹿耳门,出敌不意,攻其不备,登陆作战一举成功。可见准确掌握活动海区水位变化情况,直接关系着海军作战的成败。另外,水位变化对建造港口和水上机场、敷设海上障碍和浮动助航器材等也有一定影响,是海军平、战时都必须重视的水文因素之一。

192. 黄河三角洲对人类有哪些贡献?

三角洲通常是人类经济活动的良好地区,是港口、航运和工商业经济繁荣的地区,是海涂利用和发展农业的地区,是油田开发的基地;三角洲海区是营养丰富、鱼类繁衍的地区。因此,三角洲的地位是非常重要的。在黄河三角洲,人们已经合理地利用黄河口摆动这一自然规律,使其依照人们的意图来造陆填海。我国的胜利油田就是利用黄河含有巨量的泥沙,可以很快造陆的特点,利用人工改道黄河,使它向着已探明有油的海区迅速淤积,变海上勘探为陆上勘探的。多年来,胜利油田使用这个方法在几个油田上都获得了较大的效益。因此,也可以说黄河为油田的开发起到了很大的作用。

193. 黄河三角洲是怎样形成的？

黄河是世界闻名的河流。现在黄河入海口的三角洲是1855年以后形成的。黄河三角洲在形成时有一定的演变规律。首先，在三角洲上黄河沿东北方向入海，并以此为轴线，先向南摆动，后向北迁移，最后又回到原来的部位，开始新的摆动。黄河三角洲每完成一次循环大约需要50年的时间。由于河道的决口改道及人为扒口改道，使得黄河的顶点下移，而后围绕着新的顶点又开始新一轮的摆动变化。1855年以来，黄河已经历了两次大规模的演化，一次是1889—1934年期间，河口围绕着宁海顶点决口改道摆动5次；另一次是1934年以后，围绕着宁海以下的渔洼为顶点改道将近5次。每一次都各自形成5个相互套叠的舌状三角洲，每完成一次舌状三角洲大约需要10年时间，黄河三角洲就是这样年年向海中伸展，迅速造陆的。

海洋水文

海洋与人类互动

194. 海洋中能看到哪些水文奇观？

大家都知道海洋是一个奇妙的世界,可海水中出现的许许多多水文奇象,有些真的令人难以想像。如：柔软的液体有时就像坚硬的固体,使物体难以穿越；特殊的潜流,会在海底创造出一个奇特"殡仪馆"；深深的海底,居然也有那种"疑是银河落九天"的壮观场面；洋中的"巨流"与"巨河"能给沿途气候带来深远的影响；静静的海底,也会刮起威力无比的"海底风暴"；"水下魔鬼"竟是一种看不见的内波,给潜水器带来厄运；海水的特征就是咸的,可是航海人却在海上寻到了淡水；都说是蓝天白云,可有谁想到在湛蓝的海水空间,也有昼沉夜升的"彩云"；更令人惊奇的是,这海平面原来凹凸不平,它也有"高原"与"盆地"；在深深的海水中,居然还能看到绚丽无比的"雪景"呢。

195. 海风为什么也有咸味？

当你在海边散步时,迎面吹来的阵阵海风会让你感觉到,吸进的空气还有点咸味呢。为什么会有这种现象呢？

科学家仔细研究发现,在海面上的空气中,盐分子的浓度几乎可以达到2‰以上。那盐又是怎样从水中进入空中的呢？原来是海水中的盐分子发生离解,分解成2个带电离子,对于溶液来说,这是普通的现象；但后来,每个离子同2个水分子结合在一起,形成了团聚体；随后,这些团聚体又相遇、合并,得到了全新的另一种分子——中性盐核。这是穿上了"水皮大衣"的盐核。这种结构具有大得多的体积和显著减小的比重。这种结构的分子就很容易离开水面而进入大气层中了。空气中的咸味就是这种盐核在空气中随风飘动的结果。

196. 沿岸海水为什么呈现黄绿色？

当夏天在海里游泳时，人们喜欢往离岸较远的水里游，因为那里海水干净，清澈透明。就是在平时，当人们站在高处向大海眺望时，也会发现远离岸边的海水呈蓝

辽阔的海洋

绿色，而沿岸水呈现黄绿色。为什么会是这样呢？原来，近岸海水，由于悬浮物质增多，颗粒变大，这些悬浮物质把海水变成了黄绿色。

197. 什么是"液体海底"？

在海洋之中，海水密度的分布一般是稳定的，它随着海水深度、温度和盐度的变化而变化。也就是说，海水的密度是随着海水温度的降低，盐度和深度的增大而缓慢地变大。在通常情况下，表层海水密度小，深层的海水密

度大。但由于受到水文气象条件的变化的影响,有时也会出现反常状态,使某一深度的海水密度变化特别大。在那里,深度并没有增加很多,但海水密度却急剧增大,它就像一堵横挡在海洋里的屏障一样,如果有物体自上层落到这里,由于浮力急剧增大,就仿佛触到了海底一样被留住了。这种变化特别剧烈的水层就是人们所说的"液体海底"了,不过在海洋学上它们被称为"密度跃层"。

198. 海洋中为什么会产生"液体海底"?

海洋中产生"液体海底"的原因很多,"液体海底"出现的海域也很广,不仅出现在大洋、大海里,在大海的边缘、江河入海处以及海峡也会出现。

海水密度主要是受水温和盐度的制约,因此在风平浪静时,水温是随着海水深度的增加而逐渐降低的。但当海上出现风浪后,由于海水上下混合作用,上层水温逐渐均匀,而下层水温却没有多大变化,而位于上下层之间的中层水温则发生了剧烈变化,从而形成了跃层。这种跃层大多出现在大洋、大海里。在边缘海域,由于受大陆雨季的影响,大量江河水流入海中,冲淡了入海口附近的海水,造成该海域的盐度发生剧烈变化,也会因此产生跃层。此外,在两个不同性质的水团接触面上也会产生跃层,这种跃层在我国海域比较少见,但在其他国家的海域、海峡就常出现。如土耳其的伊斯坦布尔海峡中的表层海流,始终从黑海以每小时2海里~4海里的速度流向地中海,而底层海流始终从地中海流向黑海,这两个水团的水温及盐度等特殊性也不相同,因此在两者的接触面经常出现这种跃层。

除了盐度差别形成的密度跃层的位置比较固定外，其他类型的密度跃层都很不固定。它们受海流、波浪和海水对流等的影响而移动、消失或再生。

199. "液体海底"有什么负效应？

"液体海底"多么诱人啊！由密度跃层引起的"液体海底"，会把海水分成二层，这不仅对水面舰船和潜艇安全航行有影响，而且对海洋生物的影响也非常大。由于跃层的存在，使上、下海水间的循环和对流无法进行，下层海水的鱼类及其他生物所必需的溶解气体在一旦用尽之后，也无法得到补充，会使生物因窒息而丧生。密度跃层严重地阻碍海水的上下更换与"更新"，使海洋生物所需要的最基本的生活资料——海水中的营养盐类得不到及时补充；同时，生物分泌的污染物也无法扩散和排除，结果会致使海洋生物在这里不易生长和繁殖。这就是"液体海底"的负效应了。

200. 怎样巧妙地利用"液体海底"？

我们已经知道"液体海底"的负效应很多，那它有没有可以利用的价值呢？事物都是一分为二的。当人类熟悉并掌握密度跃层的特性之后，就能使它变害为益，为生产建设以及军事活动服务。对于"液体海底"，有经验的渔民及有经验的船员都会远离它，因为在"液体海底"常"出没"的地方既不便航行，又没有鱼类资源。但密度跃层也有可利用的地方，如水下作业船只可以停泊在它上面，就如同停泊在海底一样既平稳又安全；潜艇可以隐蔽

海洋水文

在这种跃层之下而不会轻易被敌舰声呐发现,而且还可以停泊其上,伺机对敌人发起进攻呢。但是,潜艇要想穿越"液体海底"下潜或上浮时,就必须事先对它的厚度、强度等了解清楚,否则就有可能贻误战机或发生意外事故。

201.海底也会有瀑布吗?

世界上最大的瀑布要数安赫尔瀑布,另外,尼亚加拉瀑布也是闻名遐迩的。有人会问,海底也会有瀑布吗?准确回答,海底也有瀑布。实际上,海底瀑布和陆地瀑布一样都十分壮观。海洋科学家在丹麦海峡发现了一个特大海底瀑布。它位于格陵兰岛和冰岛之间的大西洋海底,瀑布的落差达到了 3500 米,是安赫尔瀑布的 4 倍还多。那么,科学家是怎样发现这种海底瀑布的呢?原来,它是现代海底探险家皮卡尔在格陵兰岛沿海的航线上测量海水流动的速率时发现的。当时,当测量人员把水流计沉入海中后,竟连续被强大的水流冲坏了,由此发现了流量巨大的海底瀑布。后来的研究表明,如此汹涌的海底瀑布水流是由巨大的海流从海底峭壁中倾泻而出造成的。

202.为什么会形成海底瀑布?

在陆地上,世界最大的瀑布要数安赫尔瀑布。但是,它与海底瀑布相比,那就是小巫见大巫了。可为什么会形成海底瀑布呢?科学家们研究后发现,这是由于低温低盐的下沉海流在遇到海底山岭的阻碍后形成的。举一个例子,正如一个加热平底锅中的水的环流那样,如果平底锅只有一边被加热,这一边的热水就会产生向上的上升流;而另一边是冷的,凉水将迅速下沉而产生下降流,到达锅底后又向热端扩散。我们可以设想,如果在"锅底"出现"山脉"、"山脊"的阻挡,大量冷水就会先聚在山脊背后,最终溢出而形成瀑布,以便完成环流。有趣的是,科学家们研究发现,丹麦海峡海底大瀑布及其他海洋的海底大瀑布,都具有控制海洋的水温及含盐量的奇妙作用哩。

203. 海底下为什么会有风暴?

人们都知道,陆地上遇到风暴会沙尘四起,天昏地暗,有很大的破坏力。海底下也有这样的风暴吗?确实,海底并不平静,类似于陆地上飓风的各种激流一年四季都会在海底发生。甚至在一些海域,这种海底风暴每年要发生5次~10次。那么,海底风暴是如何产生的呢?实际上,它就是海水与大气运动的结果。当海水和大气运动的能量集聚到一定程度时就会产生海底风暴。风暴出现之前,首先出现的是旋涡,大面积的海水连续不断地作旋涡状运动时,就会搅动水体中的流速急剧增加。从高空卫星拍摄的世界海洋图像也能清晰见到这种海洋中的旋涡。除旋涡外,还有海底蜿蜒流动的深海洋流,当洋流和旋涡汇合的激流融为一体后,会形成速度更快的洋流,这就是海底风暴产生的前兆。当海面上空大气风暴出现后,海浪就变得越来越凶猛,被传递到海底的能量也就越来越大。海底旋涡就很容易演变成海底风暴了。海底风暴的能量很大。最猛烈的海底风暴的破坏力相当于风速高达每小时160.9千米的强风暴。

204. 海洋中有"暖池"吗?

海洋中的水都是流动的,怎么能形成"水池"呢?然而,海洋中确实有"暖池"存在。近年来,海洋水文学家已经发现了热带西太平洋暖水库对大气加温的神奇的作用,人们把这种温度明显高于周围海域的巨大水体称为"热带西太平洋暖池"。在赤道附近大西洋的西部也有这种现象。那么,为什么大西洋和西太平洋会存在一个对全球气候变化产生影响的大暖水库呢?科学家经调查研究后认为,赤道两侧是信风带,在赤道两侧的低层大气中,北半球刮东北风,而南半球吹东南风。平常信风从东太平洋向西太平洋吹动,把海水表面的暖水由洋流传送到西太平洋。暖水在西太平洋聚积时,要高出一般海面10厘米～20厘米,这就形成了一个加厚了的暖水层。海洋中这种"暖池"的发现,使人类初步揭开了造成全球或地域灾害性天气的一个奥秘。

205. 海洋中有"淡水井"吗?

海水又苦又咸,如果说海洋中也有淡水井,你能相信吗?在我国闽南的漳浦县古雷半岛的东面,有一个叫菜屿的小岛。距菜屿约500米的海面上就有一处淡水区,叫"玉洋"。在广袤的大海中能有一处淡水源,可以为渔民和来往船只补充淡水,这可是太美妙不过的事了。实际上,在国外,也有很多海中有"淡水"的现象。例如,在美国佛罗里达州和古巴东北部之间的海洋里,周围海水含盐量很高,但在中间却有一片直径约为30米的海域的水是淡的。这里的水,其颜色、温度、波浪都同周围的海水不同,所以想补充淡水的船只很容易找到它,并称它为"淡水井"。

206. 海洋中为什么会出现"淡水井"呢?

人们发现海洋中有"淡水井"后,便对其进行了考察。经考察发现:原来这里的海底有一块凹地,底部有一口喷泉,这种喷泉有的比陆地上最大的喷泉还要大,每秒钟能喷出泉水40多吨;再加上那里的海水不深,源源不断的喷泉就顶开海水,形成了海水中的淡水区域,就像一口水井一样。除了海底喷泉外,在流入海洋的大江巨川入海口,由于淡水流量巨大,往往也能形成类似的淡水区。比如在非洲西海岸刚果河河口附近航行的船只,虽然远离大陆150千米,却能在大西洋中取到淡水。原来,在海底有一条宽阔的海底河谷,它正是刚果河的河槽延伸到大西洋底的部分。由于刚果河的流量和流域面积均占世界第二位,每秒钟流量为3.9万多立方米,大量的淡水不断沿着河谷从大陆涌来,所以就在海洋上形成了一片与众不同的淡水区。

207. 海中也有"飞碟"吗?

同学们可曾听过这样的故事:1967年秋,美国的"阿尔文"号潜艇在大西洋百慕大执行海底考察任务。当潜艇潜至80米水深时,突然一股暗流袭来,艇身剧烈晃动,就像陀螺一样在水底打起转来。这种突如其来的反常水文现象使"阿尔文"号立即紧急上浮。当"阿尔文"号浮至水面时,发现底下有一个直径达500米,厚度约60米的异常液体圆盘在快速打转,并慢慢向艇尾方向滑去。这种现象就像空中的不明飞行物UFO一样,因此也被称为海中"飞碟",已经普遍受到海洋科技界的关注。据科学家们统计,迄今已发现大海深处的"不明飞行物"有340多个了。

208. 海中"飞碟"是怎样产生的?

事实上,海中"飞碟"就是一种特殊的水团。这种水团从温度、盐度、密度、比重,以至于所含的化学物质成分,都与周围的海水不同,因此,它的表现就是一个边缘分明的"独联体"。这一股与众不同的水团随着海流和旋涡,一边前进,一边高速旋转,形同旋转着的大盘子。它会"周游"海洋世界,长达数年而不解体。科学家已经研究发现,海中的"飞碟"大多数诞生于大江、大湖和大河的入海口处。在那里当比重和性质迥然不同的淡水与海水相遇时,就会出现互不相容的场面,彼此就如"井水不犯河水"一样互不侵犯,直到海洋深处还能以各自不同的速度打转。海中"飞碟"的规模很大。在大西洋中发现的一个大"飞碟",直径达80千米,它在海洋中飞速旋转时,竟"吞进"了大量的鱼虾,使这些鱼虾长时间晕迷不醒,直至死亡。因此,有些科学家认为,在大西洋百慕大神秘失踪的船只和潜艇,有一部分可能就是由海中"飞碟"造成的。

209. 海上有"光轮"吗?

海洋确实是个神秘的世界,海上出现的"光轮"就是一个未解之谜。经常航海的人都可能遇到这样的情景:当船穿越海面风平浪静的波斯湾时,船的两侧却突然会各出现一个直径约500米～600米的巨大"光轮"。这两个奇特的"光轮"在海面上围绕着自己的中心快速旋转着,并且还会"护送"船只前行呢,大约20分钟后才会消失。1848年,一艘英国船只"丘克吉斯"号在印度洋上航行时,发现远处有两个亮点贴近海面向这边飞来。这是两个一边旋转一边前进的"光轮"。其中一个"光轮"擦船而过,不仅撞到了船上的一根桅杆,船员们还闻到"光轮"散发出浓烈的硫磺气味呢。1910年8月12日夜里,荷兰"瓦伦廷"号轮船的船长布雷耶在南海航行时也看到了一个巨大的"光轮"。"光轮"的旋转速度很快,以至于海面上也出现了旋转着的波纹。当"光轮"离"瓦廷"号轮船大约有500米时,船上所有的船员都感到十分气闷、恶心,浑身上下都很不舒服,直到"光轮"在海上消失之后,他们才又恢复了正常。

非常有趣的是,这种"海上光轮"几乎全发生在印度洋海域,而在其他海区则极少见到。

210. 海上"光轮"是什么?

海上光轮的出现,引起了人们的种种推测。有人认为,航船的桅杆、吊索、电缆等的结合可能会产生旋转的光圈,这是由静电放电而引起的;也有人说,这是由海洋浮游生物引起的海发光现象;还有人说这是水文现象,也就是说,是两组波浪的相互干扰,激发海洋浮游生物发光,而波浪的相互干扰使发光生物随水流运动,便产生了旋转的光轮。还

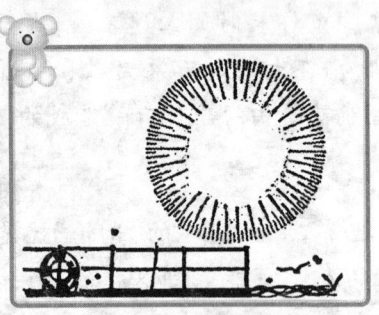

海上光轮

有人猜测,"海上光轮"也许是由球形闪电的电击而引起的现象,也有可能是其他某种物理现象所造成的,当然也有人认为这就是"飞碟"在海上活动。总之,海上神秘的"光轮"至今仍是一个未揭之谜。

211. 海中的"石老人"在等谁?

"石老人"是青岛市的十大胜景之一。在青岛东部的海边上,人们会看到一个高约十几米的巨石静立在波涛翻滚的海中,它的形象很像一个翘首盼望的老渔夫。你知道"他"在等谁吗?有关"石老人"的传说非常动人。相传很久以前,一个老渔夫和自己的宝贝女儿——牡丹相依为命,以捕鱼为生。忽然有一天,灾难降临到他们头上,东海龙王抢走了如花似玉的牡丹姑娘。老渔夫非常伤心,每天都在这里等待宝贝女儿的归来。一

"石老人"礁石

天天、一年年过去了,天长日久,他竟变成了石头人静立在海中。多少年来,到过青岛的游人都要来这里看看这位悲惨的老人。其实,"石老人"是在海水和陆地的相互作用下随着地质历史的变迁而形成的。如果低潮时,你可以看到形似老人的石头与海岸是相连接的;而高潮时,

海水就会淹没"石老人"与海岸之间的岩石,把"石老人"孤立起来。当你去青岛旅游时,一定不要忘记看看这令人动情的景色啊。

212.为什么说海洋是地球温度的调节器?

如果地球上没有海洋的存在,人类将无法生存。因为到达地球的太阳的热量,绝大部分被海水吸收并储存起来了。地球上热量的供应和储存主要是由海洋来调剂的。海洋不仅通过海流的循环及海水与大气的相互作用等影响地球的气候,而且海洋中的浮游植物还通过光合作用向地球大气提供了40%的再生氧气,另外

航行中的帆船

60%的再生氧气是由陆地森林、植被提供的。因此,我们说:海洋是地球气候的调节器。

213.赤道上有"寒冷岛"吗?

赤道区域历来以炎热著称,怎么会出现"寒冷岛"呢?但世界上确有此事。在南美洲以西离岸970千米的东太平洋上,散布着30个大小岛屿和50多个岩礁,这就是厄瓜多尔的加拉帕戈斯群岛。厄瓜多尔地处赤道南北两侧,介于南纬2度~北纬1度、西经88度~92度之间,按其所处地理纬度,应该常年在赤道低气压槽控制下,盛行

赤道气团,高温多雨,全年皆夏。而加拉帕戈斯群岛上却气候干燥少雨,岛上的巴克里索港的年平均气温只有23.8℃,比其他赤道地区的年平均26℃低了不少,所以,这里被称为赤道线上的"寒冷岛"。

214. 赤道上为什么有"寒冷岛"?

为什么加拉帕戈斯群岛会如此凉爽呢?原来,强大的秘鲁寒流就流经这里,把南极洲的冷水源源不断送到赤道附近;又由于受到地球自转偏向力以及常年盛行南风和东南风的影响,使表层海水向偏西方向外流,造成近岸一带发生下层冷水上泛现象,使该群岛处在冷海水包围之中,结果,这块本应炎热的地方因受海洋调节作用而成为气候凉爽的群岛。一些幼小的企鹅就是随南极冰块被秘鲁寒流飘流到了这里,由于环境适宜而存活繁衍下来。现在该群岛上已有数千只企鹅,这可是企鹅生存的最北方了。

215. 为什么北冰洋夏季冰融化得比南极多?

北冰洋地处北极,属寒带。北冰洋的冰层是很厚的,而厚厚的冰层是很难融化的。但北冰洋和南极不一样,南极的冰在夏季融化得很少,而北冰洋的冰在夏季却融化得较多,这到底是为什么呢?原来,在北冰洋,尽管每年融化冰的比例变化很大,但大约有四分之一的冰层是在夏季融化的。这主要是北冰洋与其他海洋不同,它虽然几乎被大陆环绕,但北大西洋暖流还是从大西洋流入,通过太平洋上的白令海峡也有少量暖流进入,从而在152.4米的水面以下就形成了一层762米厚的暖流层。

其次,在夏天,阳光昼夜不断,相对平坦的北极地区接受

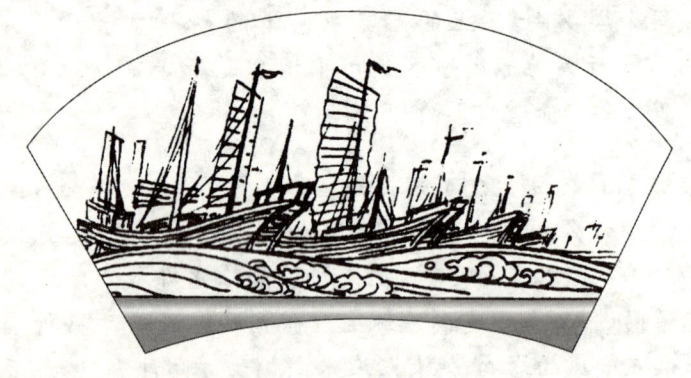

乘风破浪

的太阳辐射时间长,再加上北半球陆地面积大、夏季气温高,北极与北半球中纬度大气的热量交换要比南极与南半球中纬度大气的热量交换大得多。这就是北冰洋冰层在夏季融化多的原因。

216. 北冰洋最壮观的景色是什么?

  北冰洋位于北极地区,它以冰多而著称。实际上,北冰洋最壮观的景色就是冰山和冰岛,它们主要由北冰洋各岛屿的大陆冰川、冰盖和冰架崩解入海形成。冰山主要分布于各边缘海,而厚度从十几米到上百米不等,最厚可达130多米。冰山的面积大小不一、形状各异,有的像金字塔的尖顶,有的像桌子一样平坦。冰岛是冰山的特殊变形,它的面积最大范围可达500平方千米～700平方千米,厚度30米～50米,露出水面高度10米～20米。由于冰岛面积大,漂流速度慢,远远看去,就像一座座固定的白色岛屿。

217. 北冰洋的冰真的会消失吗？

在人们的印象中，北极永远都是冰天雪地的。但是，事物总是在变化之中，常年冰天雪地的北极，也会受到气候变暖的冲击。目前，由于世界上气候变暖的趋势日趋明显，也已经影响到了北冰洋的冰了。有人预测，北冰洋的冰迟早也会消失。真的会是这样吗？科学家对此有不同的解释。美国迈阿密大学亨利·拜特教授认为，一旦北冰洋的冰层消失，即使在冬季也将不会再结冰了，这是一种正常的现象。他还认为，北冰洋现存的冰层年龄有100万年，而在此之前的7000万年中，北冰洋上是没有冰的。有人猜测，未来在大西洋两岸会持续出现结冰的现象，仿佛可以代替原来的北冰洋，这显示着一种海洋冰层的周期性变化。而安德斯蒂尔博士却认为：北冰洋的气候是正在变冷，而且所谓的冰层漂移的证据以及冰层变薄的戏剧性说法还有待进一步考证。由此可见，关于北冰洋的冰是否会消失，人们的说法不一，正确的结论还有待于今后的进一步科学观察。

218. 历史上何时开始科学海洋学时代？

人类在海洋上航行已有几千年的历史了。这其中主要是海盗掠夺史和商业贸易史，算得上科学海洋史的历史却很短。真正的海洋科学时代是从19世纪"挑战者"号调查船全球海洋考察开始的。当时，英国"挑战者1"号调查船进行的首次全球海洋考察就在362个海洋站位上进行了测深和生物采集，还测量了海洋世界各海域的地磁值，采集了海底底质样品，观测了海洋深层水温的季节变化(首先采用颠倒温度计测温),发现了世界大洋中盐类组成具有恒定性的规律(这是海洋学中一个最基本的发现),测量了海洋环流、透明度等,奠定了现代海洋物理学、海洋化学、海洋地质学研究的基础;该次考察资料经20年的整理汇编,出版了《H.M.S.挑战者号航行科学成果报告》50卷,海洋科学时代就从此开始了。

219. 漂流理论是怎样发展起来的?

树叶会在水中顺水漂流,小舟也可以在水中顺流自由自在地流动,这就是漂流产生的结果。那么,漂流理论是怎样发展起来的呢?原来,漂流理论是由冰山运动得到启示而发展起来的。挪威海洋学家南森长期从事北极海洋的调查和研究工作。在冰区长期漂流研究过程中,他发现冰漂移的方向与风的方向并不一致,而是在风向的右面20度~40度处。他对此很不理解,于是就写信给当时正在作博士论文的瑞典人厄克曼,请求他对此给予说明。1905年,厄克曼经过研究和计算,提出了风漂流理论。漂流理论就是这样被提出和发展起来的。近100年来,这个理论一直被科技界奉为圭臬。

220. 风生漂流理论是怎样发展起来的?

在厄克曼风漂流理论的基础上,20世纪50年代初,由几个国家的海洋学家共同研究,提出了世界大洋环流的理论模式——风生漂流理论。按照这一理论的观点,海洋上层洋流是由一个风生流涡所构成的。这个流涡在北半球作顺时针方向运动,在南半球则反之;对深层环流而言,则是分别由南极区域威德尔海和北极区域挪威海

海洋水文

里形成的底层水团缓慢向赤道的运动所形成的。风生漂流理论的建立,使人们对海水的总体运动方式茅塞顿开,对世界大洋环流有了一个脉络清楚、层次分明的解释,因而,有人将20世纪50年代初之前的海洋物理学发展阶段称为漂流海洋学阶段。

221. 我国海区深度基准面是何时确定的?

海区深度基准面就是海图上注记水深的起算面。你可别小看这个基准面,它在工程及军事上都是很重要的。可是,在旧中国,这个起算面并不统一,我国的北方大部分沿用日本使用的、概略的最低低潮面;南方则大部分沿用英国使用的平均大潮低潮面,因此形成了旧中国水深资料十分混乱的状态。新中国成立后,我国确定了采用理论最低潮面作为我国海区的深度基准面,并于1958年海区基本测量时正式使用。1975年,我国统一了37个站的深度基准面,结束了我国深度基准面的混乱局面。

222. 谁第一个提出了海拔高程的概念?

"海拔"高度就是由平均海水面起算的地面点高度。那么,为什么地面点的高度不从陆地开始起算,还要从海上算起呢?这是因为陆地高低不平,且纬度不一,没有统一的标准,而平均海水面则是一个科学的概念,能正确反映出地面点的高度。1956年,国家规定以青岛验潮站多年平均海面为全国统一的高程起算点,称为黄海平均海面或黄海基准面。中国地图上标注的海拔高度都是从这个基准面起算的。那么,是谁这么聪明,提出了海拔高程的概念呢?原来,这个概念正是我国元朝著名文学家和水利专家郭守敬(1231—1316年)于1275年提出来的。700多年后的今天,郭守敬的这个概念已被广泛应用于各国地形及水准测量上。

223. 怎样确定测算风暴潮高度的零点?

风暴潮的每次来临,都会给人民的生命财产造成很大的损失。实际上,风暴潮的破坏作用主要决定于潮位的高度。那么,风暴潮高度是怎样测算的?它的零点又是怎样确定的呢?风暴潮引起的潮位高度,其计算方式是从潮高基准面算起的,所谓潮高几米,也就是当时的海面距潮高基准面的高度。

潮高基准面一般与海图上使用的深度基准面一致。这主要是消除了潮汐的影响因素,使得这个面计算的海水深度比当时实际测得的水深要小,这样,就可以确保航行船舶的安全了。

深度基准面是依据平均海面来确定的。平均海面是海面周期性升降的平均数,这个数值是通过沿海设立的验潮站,用自动仪器每日每时记录,并经长期观测平均得出的。观测记录的时间越长,其所确定的平均海面数值也就越准确。由于各地的平均海面受多种因素的影响,相互间虽有差别,但差值很小。为统一我国的平均海面,国家规定统一使用黄海平均海面。

224. 中国海洋工作者何时开展古潮汐史料的整理与研究?

在历史上,古人对潮汐有很多论述,为了整理和研究中国古潮汐史料,中国科学院、国家文物事业管理局和教育部于1975年初,联合组织领导了整理中国古天象史料的工作。这项工作由中国科学院海洋研究所牵头,山东海洋学院(现中国海洋大学)和华东师范大学参加。开展中国古潮汐史料的整理与研究工作并不是一件容易的事,仅在1975年5月至1977年8月间,中国海洋工作者就共查阅了有关的历史文献16万余卷,建立了资料卡片1.2万余张。另外,他们还对许多省市的沿海地区进行了实地社会调查研究,还发掘了许多的历史文物和古迹。

225. 中国古潮汐史料的整理研究取得了哪些成果?

中国海洋工作者经过对古潮汐史料的整理研究,编著了《中国古代潮汐史料汇编》,汇编共5个分册,约120余万字。第一分册《潮汐论著》,包括百余篇关于潮汐成因、潮时推算、涌潮成因等理论论述文献。第二分册《潮候》,汇集了中国沿海各地所编制的潮汐表、图和有关潮候的文字记载,还包括了在劳动人民中流传的潮候谚语等。第三分册《灾害性潮位》,记载了自公元前48年至清代末期,中国沿海发生潮汐灾害的绝大多数的史录。第四分册《海塘》,汇总了劳动人民创建的海堤建设方面的成果。第五分册是《潮汐利用》。这部资料汇编的内容非常丰富,值得仔细读一读。

226. 潮高基准面与黄海平均海面是一个平面吗?

潮高基准面与黄海平均海面是两个不同的概念。潮高基准面是依据当地平均海面来确定的,由于全国各地平均海面相差不大,仅在几个厘米范围内,所以我国各地平均海面也均以黄海平均海面为准。这样,潮高基准面与黄海平均海面的关系也就确定了。

潮高基准面要确定在不受潮汐影响下的某一个深度,通常潮高基准面要低于黄海平均海面下最大潮差的一半以上,例如某海港多年大潮差为8米,那么,潮高基准面要低于黄海平均海面4米以下。可以看出潮高基准面与平均海面确实不是同一个面。

227. 遥感技术海洋环境的一个重大发现是什么?

遥感技术是现代海洋研究高技术手段之一,特别是卫星遥感技术的出现,使许多过去不能揭开的海洋秘密揭开了。科学家们通过遥感技术对海洋研究的一个重要发现,就是发现了在辽阔的大洋上并不只存在一个风生流涡,而是存在大量的中尺度涡旋,即存在着形形色色的"团团转",海洋里的很多自然现象均与它直接或间接有关。这些涡旋还具有很大的动能,约占海洋大、中尺度海流动能的99%以上,相当于大气中的气旋、反气旋和台风。实际上,正是海洋中的涡旋控制着海洋的"气候"。可以说,发现中尺度涡旋在整个海洋科学上是一件大事,它使海洋学家们有可能对海洋里的水文现象进行"天气分析",也标志着海洋水文物理学已由过去研究平均水文状况的"气候学时代"向研究水文状况的逐日变化规律的"天气学时代"迈进了一大步,形成所谓"空间海洋学"时代。海洋学界认为,这是海洋科学由"气候式时代"向"天气时代"转变的开端,必将产生极其深远的影响。

228. 中国何时从中央电视台发布海洋环境预报?

海洋环境预报包括海浪、海况和风暴潮警报预报等。
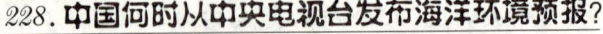

海洋水文

从电视上,我们可以看到中央电视台每天播放的海浪预报。能够在中央电视台上发布海浪预报,这可是我们国家海浪预报能力的重要体现。可别小看海洋预报这项工作,国家已经投入了大量的资金来扶持这项公益事

风暴漩涡

业。我国的海洋环境预报是新中国成立后逐步发展起来的,最早的预报单位是1965年国家海洋局设立的海洋水文气象预报台,后改为中国海洋环境预报中心。从1986年7月1日开始才通过中央电视台发布日海浪预报、旬海况预报和风暴潮警报预报。这些预报已经基本上满足了国内外有关单位的需要。

229. 中国何时向国内外播发海温、海浪传真图?

1983年2月28日,中国国家海洋预报台开始每月(旬)同时用3个频率传真播发月(旬)平均海面水温预报图和月(旬)平均海面水温距平预报图。这些预报图是专门为开发海洋生物资源和发展海洋渔业生产而制作的。它可以为海上渔情分析、中心渔场位置的预报,渔汛期的早晚和鱼发状况的分析提供重要的依据。我国向国内外播发海浪传真图早在1982年9月27日就开始了,由国家海洋预报台每日用4个频率传真播发西北太平洋海浪分

析图(当日世界时00时的实况观测资料分析)和西北太平洋海浪预报图,时效为24小时(当日世界时06时至次日世界时06时)。海浪传真图是专门为船舶安全航行、海上安全作业,以及防止海难事故等目的而制作的。

230. 为什么要进行海洋水文预报?

海洋水文预报也称"海洋环境预报"。海洋水文预报是根据海区环境特征的历史资料和现时观测结果对未来的海洋环境特征值作出预测并发布公告。它的主要内容有海浪、潮位、潮流、水温、盐度、密度、海冰等,服务对象主要为航运、水产、石油探采、盐业和国防部门等。海洋水文预报和海洋气象预报一样重要,正因为有了海洋水文预报,在海上作业的船只才可能避免许多海洋灾害的打击。例如,在外航行的船只若能准确掌握潮位的变化,就可以正确选择靠岸的时间和地点;若能提前知道海上风浪的大小,海上作业和进港的船只就可以做出预先防范的准备,以减少不必要的生命财产损失。

231. 什么是海水跃层?

海水跃层是海洋中的特有现象,它是指海水中某种水文要素在垂直方向上出现突变或不连续剧变的水层,人们又称它为"飞跃层"或"跃变层"。跃层的厚薄和距海面的深浅随海区的地理和气象条件的变化而有所不同。科学家们已经查明,跃层主要有三种类型,即温度跃层、盐度跃层和密度跃层。如果按形成的原因和变化,又可以分为主跃层(永久跃层)、季节性跃层和周日跃层三类。主跃层是由大洋热盐环流维持,季节性跃层和周日跃层是由海面太阳辐射和海—气相互作用形成的。

232. 水温对海洋水文研究的价值有多大？

水温是指水的温度。海洋里水的温度叫海水温度，海水温度是在不断变化的。在太阳照耀之下，海洋吸收了能量使海水温度升高。由于太阳照射不是均匀的，再加上地球的自转和公转，使地面有四季变化和昼夜交替，

海水浴场

因此，海水温度也是有的地方高，有的地方低。在赤道地区太阳直射时间长，海水温度就较高；在中纬度海区，日射偏斜，海水温度相对赤道地区就低。在极地区域，太阳照射更少，因此海面终年冰封或水温极低。海水的温度是海洋物理性质中的最基本要素之一。海洋水团的划分、海水不同层次的锋面结构、海流的性质判别等都离不开海水温度这一要素。水温的分布与变化又影响并制约其他水文气象要素的变化；海水密度的大小和温度的高低相关，地球上水温分布不均匀，导致海水发生水平方向与垂直方向的运动。此外，海雾、气温、风等也直接或间

接地与水温有关。水温是一种很重要的物理现象,海洋科学的许多里程碑性的研究成果都是从水温变化中找出的科学规律。

233. 海水温度的分布对潜艇活动有什么影响?

同学们,你们知道吗?海洋的温度变化不光对海洋中的生物有影响,在军事上也有影响。若海水温度随海水深度增加时,舰艇声呐发出的声波均会弯向海面,声波

行驶中的潜艇

在碰到海面后会产生多次反射,使声呐的探测距离明显增大。舰艇在这种情况下活动,就要注意控制自身的噪音,否则很容易被对方舰艇发现。若海水温度随海水深度增加而降低,声音在海水中传播会产生折射,它的轨迹将向声速较小的方向弯曲。在这种条件下,舰艇声呐发出的声波、回波声、辐射噪音将弯向海底,声呐所探测的距离将明显减小,有时会出现敌方舰艇距离很近却搜索不到的现象。由此看来,海水温度变化对水下潜艇活动

的影响是很明显的。

234. 海水等温层的存在对军事活动有何意义?

海水等温层是指从海面到水下某一深度的海水温度基本一致,然后又随着海水深度增加温度逐渐下降的现象。在这种水文条件下,等温层内的声音大部分尚未到达层深以下即被反射回来。因此,潜艇如处于等温层内,既容易发现敌方的水面舰艇,也容易被对方发现。但如果它在层深以下活动,既不易被对方发现,也不容易发现对方。对潜艇来说,最为有利的选择就是:在等温层内搜索到敌水面舰艇,立即实施攻击,然后,迅速潜入层深以下,就可以避免被敌人声呐发现和遭到攻击了。

235. 什么叫海洋灾害?

同学们已经知道,海洋是个资源宝库。但海洋不是平静的,总会波澜起伏。同学们也一定可以想象到,由于气象和地质变化的原因,海洋还会刮起狂风巨浪,发生滔天巨吼,向人类发出攻击呢。实践证明,有史以来海洋给人类造成的灾害数不胜数,可以说,海洋灾害是人类的重要杀手之一。那什么叫海洋灾害呢?海洋灾害是指海洋自然环境发生异常或激烈变化,导致在海上或沿岸地区发生的灾害。海洋灾害有些是自然的,有些是人为的,如海啸、海浪、风暴潮、风暴巨浪、地震等都属于自然灾害,而赤潮、海洋污染等均属于人为灾害。自然灾害可以引起海岸侵蚀、土地盐碱化、海上建筑物倒塌,人为灾害会引起海洋生物死亡、人畜中毒等。在这两种灾害中,海洋灾害对人类造成的危害极其巨大,人类正在采取积极的措施对付它。

236. 什么情况下会发生海洋灾害？

海洋灾害既然是人类的大敌，那它在什么情况下才会发生呢？科学家根据海洋灾害发生的情况，已经归纳出海洋灾害可能在四种情况下发生：

一是受大气的强烈扰动后产生的海洋灾害，如台风、巨浪等。大气扰动在地球上无时无刻不在活动，因为大气扰动产生的海洋灾害具有多发性的特点，这些自然灾害发生比较频繁。如进入我国的台风每年有许多次，每次台风都会造成人民生命财产的重大损失。

二是受海水的扰动或状态的骤变而引发的海洋灾害，如风暴潮、海冰等。这些海洋灾害地域性局部发生较多，如海冰只发生在极地及高纬度地区等。

风暴潮

三是受海底地震、海底或海岛火山喷发、爆裂、海底塌陷、滑坡、地裂缝等岩石圈运动引发的海洋灾害，如海啸灾害等。遗憾的是这些海洋灾害的突发性较强，由于受许多技术手段的限制，目前还不能作出准确的预报。

四是受人类活动引发的海洋灾害，如赤潮、石油污染、放射性海洋污染等。这些灾害随着人类社会经济的发展，在某种程度上还有加重的趋势。

237. 海洋灾害有哪几种？

在人类所面临的诸多自然灾害中，人们把那些发生在海洋中的灾害称为海洋灾害。海洋灾害主要有风暴潮、灾害海浪、海冰、赤潮和海啸五种。它们严重地威胁着海上及海岸带地区的经济及人民生命财产的安全。

风暴潮是由台风、温带气旋、冷锋的强风作用和气压骤变等强烈的天气系统引起的海面异常升降现象，人们又称风暴增水或气象海啸。

灾后的城市

灾害性海浪是海洋中由风产生的具有灾害性破坏的波浪。它是由台风、温带气旋、寒潮等天气系统引起并在强风作用下形成的。

海冰是指海洋上的一切冰，包括咸水冰、河冰和冰山等。在冰情严重的区域或异常严寒的冬季往往出现严重的冰封现象，使沿海港口和航道封冻，给沿海经济及人民生命财产安全造成危害。

赤潮是指海洋浮游生物在一定条件下暴发性繁殖引起海水变色的现象，它也是一种海洋污染现象。赤潮大多数发生在内海、河口、港湾或有上升流的水域，尤其是暖流内湾水域。赤潮实际上是各种色潮的统称。赤潮可杀死海洋动物，危害甚大。

海啸是由水下地震、火山爆发或水下塌陷、滑坡所激起的巨浪。破坏性地震海啸发生的条件是：在地震构造运动中出现垂直运动；震源深度小于20千米～50千米；里氏震级要大于6.5级。而没有海底变形的地震冲击或海底弹性震动，可引起较弱的海啸。水下核爆炸也能产生人造海啸。尽管海啸的危害巨大，但它形成的频次有限，尤其在人们可以对它进行预测以后，其所造成的危害已大为降低。

238. 为什么说海洋灾害对我国的影响最为严重？

世界上很多国家的自然灾害受海洋影响都很严重。例如，仅形成于热带海洋上的台风（在大西洋和印度洋称为飓风）引发的暴雨、洪水、风暴潮、风暴巨浪等巨大灾害，就造成了全球自然灾害生命损失的60%。台风每年就要造成近百亿美元的经济损失，约为全球自然灾害经济损失的三分之一。

我国是一个陆地国家，也是一个海洋国家。我国濒临的太平洋，实际上是世界上最不平静的大洋。太平洋以其西北部台风灾害多而驰名。台风对我国影响异常严重，一次台风灾害即可造成几十亿甚至上百亿元的经济损失，特别是我国经济发达地区大多处于沿海地带，这些地区每年都会发生台风灾害。据资料统计，这些来源于海洋的自然灾害，对我国造成的经济损失和人员伤亡数量已占到或超过全国灾害总损失的半数。因此可以说，海洋灾害是对我国造成影响的最为严重的灾害。

239. 海洋灾害对我国造成的损失有多少？

海洋灾害对我国的影响最为严重，那么，这种灾害造成的损失程度又如何呢?根据近20年的统计资料表明,我国由风暴潮、风暴巨浪、严重海冰、海雾及海风等海洋灾害造成的直接经济损失平均每年约5亿元,死亡500人左右。在经济损失中,以风暴潮在海岸附近造成的损失最多,而人员死亡则主要是海上狂风恶浪所为。

在狂风巨浪中行驶

尽管近些年来随着防御海洋灾害能力的加强,人员伤亡呈明显下降趋势,但由于沿海经济的迅速发展,特别是海洋经济迅猛发展,我国海洋灾害的经济损失反而出现急速增长的趋势。据推算,最近10年中年平均海洋灾害损失约为前一个10年期间的4倍。因此,快速提高海洋灾害的防御能力是一个十分重要的课题。

240. 潮灾与纬度变化有关系吗?

经纬度表示的是地理位置,而潮灾是一种自然灾害现象,潮灾与纬度变化会有什么关系呢?其实,潮灾与纬度变化有着必然的联系。我国学者对中国潮灾近500年来的活动图像进行了研究,发现了在不同纬度地区潮灾发生的时间存在着位相差。位相差也称相位差,即两个同频率的振动量(随时间作周期变化的量)的相之间的差值。研究者发现,广东省纬度较低,发生潮灾的年份为 1862 年和 1922 年;而江苏省潮灾发生年份后移了 18 年左右,为 1881 年和 1939 年;高纬度的大连地区潮灾又比江苏后移了 10 年,为 1896 年和 1949 年。由此看来,随着纬度的升高和时间的推移,潮灾有规律地发生,科学家们利用 1471—1981 年中国沿海的 71 次较大潮灾的分析结果认为:当地球自转减慢、副热带高压纬度北移时,台风将更多地影响到中国北部、中部沿海,在那些地方比较容易发生潮灾;而当地球自转加速、副热带高压南移时,台风则更多地影响南部、中部沿海,使东南沿海发生潮灾的机会增多。

241. 为什么要发布海洋预报和海洋灾害警报?

由于每来一次海洋灾害都会对人类造成重大的损失,因此,为了减少损失,我国科学家已经研究出了定期发布海洋预报和海洋灾害警报的方法,这样就可以在防灾、抗灾、救灾和灾后援建方面采取适当措施,以减轻海洋灾害损失,特别是减少人员的伤亡,保证社会的安定和生活及生产秩序的迅速恢复。

但是,由于目前人类还不能控制那些造成海洋灾害的事件和现象的发生和发展,抗御海洋灾害的工程性和临时性措施也受到相

海洋观测站

当的限制。因此,当那些猛烈灾害袭击时,人们唯一能做的就是尽量减轻灾害损失,而减轻灾害损失的有效行动,必须建立在充分了解海洋灾害预报警报的基础上,否则,怎么能做到真正的"防患于未然"呢。因此,作为科技工作者来说,对于减灾、防灾的贡献就是:比较准确地定期发布海洋预报和海洋灾害警报。

242. 什么是风暴潮?

我们常常能听到风暴潮这个名词,但你知道风暴潮的威力有多大吗? 风暴潮的威力如同海啸一样,它的破坏力非常大。

风暴潮也称"风暴海啸"、"气象海啸",是一种由热带风暴、温带气旋或寒潮过境引起的海面异常升高或降低的现象。风暴潮发生时,它可以使浅水域水位猛烈增长,一般可高达数米。当风暴潮与天文潮相叠后的水位超过沿岸"警戒线"时,常会招致海水外溢,甚至泛滥成灾,我国现在

风暴潮引起的巨浪

非常重视风暴潮的预报工作。对风暴潮及其预报方法的研究和警报系统的建立具有防灾的实际意义。

243. 风暴潮是怎样分类的?

风暴潮是海洋灾害中的一种,在沿海地区的发生也

确实比较频繁。通常人们根据风暴潮起因性质的不同,把它分为由台风引起的台风风暴潮和由温带气旋引起的温带风暴潮两大类。

台风风暴潮多见于夏秋季节。它的特点是:来势猛、速度快、强度大、破坏力强。凡是有台风影响的海洋国家,沿海地区均有台风风暴潮发生。

防波堤

温带风暴潮多发生在春秋季节,夏季也时有发生。它的特点是:增水过程比较平缓,增水高度低于台风风暴潮。它主要发生在中纬度沿海地区,以欧洲北海沿岸、美国东海岸以及我国北方海区沿岸为多。

244. 怎样区别潮汐、风暴潮与海啸?

潮汐、风暴潮、海啸是三种不同的海洋现象,怎样区分它们呢? 潮汐就是人们所熟悉的海水每天有规律性涨落的现象,它主要是由月亮和太阳对地球表面海水的引力所造成的,故又称天文潮。风暴潮则是由剧烈的大气扰动,如强风和气压骤变(通常指台风、温带气旋等灾害性天气系统)导致的海水异常升降。而海啸主要是由于地震暴发或海底火山喷发、滑坡引起的海水异常涨落。

正常的潮汐是不会造成灾害的。而叠加在潮汐之上的风暴潮则常常为沿海地区酿成灾难。海啸则来势凶猛,海水上涨迅速,瞬时间可达数米,甚至数十米,危害就更大了。

245. 世界上哪些地区容易受到风暴潮侵袭?

从气象学上来划分,全球共有8个热带气旋(即台风或飓风)多发区。它们是:西北太平洋、东北太平洋、北大西洋、孟加拉湾、阿拉伯海、南太平洋、西南印度洋和东南印度洋。其中西北太平洋是台风最易生成的海区,全球台风有三分之一左右发生在这个海区,强度也是最大的。因而在西北太平洋的沿岸国家中,以中国、菲律宾、越南、日本台风登陆的次数最多。登陆台风造成的风暴潮灾害,虽因当地所处的地理位置、海底地势等因素有所不同,但风暴潮发生的频率基本与台风出现的频率相一致。受温带风暴潮影响严重的地区,大都在北纬20度以北的海域,而在北纬20度以南一般不会出现,即使出现了它的影响也很小。

246. 世界上哪种海洋灾害对人类威胁最大?

海洋灾害的发生会对人类的生命造成威胁。在当今世界上几大自然灾害中,由地震与潮灾引起的死亡人数最多。潮灾特别是风暴潮则是海洋灾害中最严重的一种。风暴潮是指在强烈的大气扰动的作用下引起的海平面异常增高现象。因此,也有人称风暴潮为风暴海啸或气象海啸,它与地震海啸的区别在于它是由灾害性天气系统造成的。要知道,当强劲的台风从大洋刮向海岸时,表层的海水是以风浪的形式推向海岸的。当不断涌向海岸的风浪受到海岸阻挡时,就会使沿岸海平面增高,这就是所谓的风暴潮。如果风暴潮正巧又与天文高潮重叠相遇时,两种潮汐就会叠加在一起,造成海湾地区的潮位暴涨,形成势不可当的潮灾。可见,风暴潮的灾害对人类的影响是最严重的。

247. 什么是海啸?

海啸是非常可怕的,因为一旦海啸发生,巨大的海浪会以排山倒海之势淹没大片的土地,使海边地势较矮的房屋淹没,人们的生命财产受到威胁。那么,什么是海啸呢?实际上,在海底地震、火山爆发或海底塌陷和滑坡等激起的巨浪,在涌向湾内和海港时造成了巨大破坏的就

海啸时的水位

是海啸了。其实破坏性的地震海啸,只能在地震构造运动出现垂直缺层,震源深度小于20千米~50千米,里氏震级大于6.5的条件下才会发生。海底没有变形的地震冲击或海底的弹性震动,只能引起较弱的海啸;水下核爆炸也能产生人造海啸。

通俗地说,海啸是由海底地震引起的。海啸所掀起的狂涛巨涌像一座座山峰压向沿海,扫荡着沿海的生命与财产。每当海啸袭来时,居住在海滨的人们,必须以最快的速度向内地高处撤离;而停泊在港内或在近岸航行的船只,也必须立即驶向外海,远离海岸地带。在历史上,海啸带来船毁人亡的事故数不胜数。为了研究和预防海啸,科学家们已建造了模拟海啸实验室,试图摸清海啸的变化及传播规律。

248. 海啸发生时的波浪有什么特点?

实际上,海啸大多来自海底地震。破坏性的地震海啸,它的震源深度都在 50 千米以内,里氏震级也达到 6.5 级以上。

海啸是一种频率介于潮波和涌浪之间的重力长波。海啸浪的波长达几十千米至几百千米,周期范围比较大,为 2 分钟～200 分钟。因此,发生海啸时,往往第一个浪头涌来时,海面会整体上升,过了一段时间,潮水又会出现回降,又过了一段时间,第二个浪头才会涌

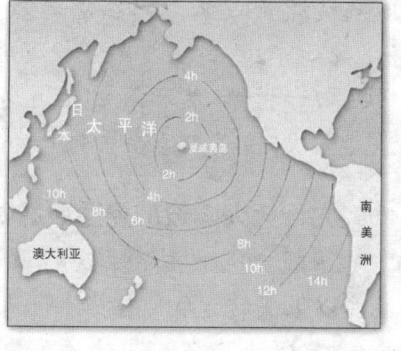

海啸波传播示意图

来。海啸浪常见的周期在 40 分钟以内。据专家们推算,在大洋深度为 4 千米发生的海啸,其大浪的周期为 40 分钟。海啸波的传播速度为每小时 173 千米,波长为 475

千米。海啸震源的水面最初升高幅度为1米~2米。因此,海啸在深海大洋传播时,由于波高与波长之比很小,周期较长,往往难以觉察到。只有快到近岸时,才会形成有破坏力的巨浪。因而,有经验的船长在遇到海啸时,都会把船迅速驶离海岸,而且,离海岸越远越好。

249. 海啸灾害是怎样暴发的?

海啸产生的灾害是不可忽视的。海啸发生时,海底的陷落升降、滑坡等产生的强烈地震,其范围大的可达1000千米以上,散发出的能量是非常巨大的。由于海水的压缩性很小,当受到地震能量的作用,水体只能以同等规模的波动形式把能量传播出去。当海啸波进入水浅的大陆架后,因深度急剧变浅,能量迅速集中,波高骤然增大,这时就可能出现10米~20米以上的波高,以排山倒海之势冲击过来。它在滨海区域的表现形式是海水陡涨,犹如一座"水墙",伴随着隆隆巨响,瞬时侵入陆地,吞没良田和村镇,然后海水又迅速退去,或先退后涨,有时反复多次,造成人民生命财产的巨大损失。

250. 为什么海啸波的能量衰减得慢?

海啸之所以破坏性极大,是因为在海啸发生时,海啸波能以很快的速度传播出去。海啸波在传播时,从海面到海底,其流速几乎是一致的。当它传播到近海岸边时,海水的波高可达10米,流速也可达10米/秒,因而在波峰来到时,就会在海岸处骤然形成"水墙",这种飞来的水墙来势凶猛,势不可挡,夹着隆隆巨响,直向岸边扑来。当波谷行进到岸边时,水位会骤落,平时见不到的近岸水下礁石也会裸露出来。海啸在海岸附近造成的危害大多是在最初2个~3个波中产生,也就是在第一个波到达岸边之后,接着的几个小时内产生破坏作用。科学家们对海啸研究的结果表明,海啸和普通海浪不一样,它不存在普通海浪那样带泡沫的脊。而正是这种泡沫浪脊才使海浪自身遭到破坏。海啸就是依火山初震时所具有的巨大能量,产生了非常密集的巨浪,它就像在玻璃上滑动的水珠一样,在海表面上运动。科学家认为,这种波浪由于水分子之间的表面张力和聚力互相平衡,所以能量衰减得就缓慢。如果这种平衡遭到了破坏,海啸的巨浪也就解体了。

251. 为什么说我国发生海啸的可能性很小?

海啸具有很大的破坏力,这是不是说人们居住在海边就十分危险呢?不要太担心,海啸尽管很可怕,但它并非经常发生。据历史记载,从公元初到现在,2000多年的时间里,我国只发生过10次由地震引起的海啸,平均200年才出现一次,这说明我国沿海发生海啸的次数极少。

从地质条件看,我国海区处于宽阔的大陆架上,水深较浅,大都在200米以内,不利于海啸的形成与传播。从地质构造上看,我国沿海地壳区很少有大断裂层和断裂带,海区内也很少有岛弧和海沟。即使我国海区发生了较强烈的地震,一般也不会引起海底大面积的垂直升降变化,缺乏引发海啸的大地震。从1969—1978年间,我国渤海、广东阳江、辽宁海城、河北唐山发生的4次大地震来看,尽管地震震级均在6级以上,但均未引发地震海啸。

252. 太平洋发生的海啸对我国沿海影响大吗？

在我国近海海域内，分布着大大小小 6000 多个岛屿礁滩，构成了一个环绕大陆的弧形圈，形成了一道海上屏障；在我国近海外侧又有日本九州、琉球群岛以及菲律宾群岛护卫，又构成另一道天然的防波堤，可以抵御远洋海啸波的冲击。加之广阔的大陆架浅海底摩擦阻力的作用，当海啸波从深海传播到我国海区时，它的能量会急速变小，已构不成威胁。世界著名的智利大海啸发生后，当海啸波传至上海时，在吴淞口验潮站只记录到 15 厘米～20 厘米的海啸波高，而传到广州时，闸坡海洋站仅测出这

海啸造成的危害

次海啸波的微弱痕迹。由此可以说明，不仅我国沿海地区不易发生地震海啸，就是远海发生的海啸也不会对我国沿海构成重大威胁。

253. 海啸发生之后会怎样？

海啸是由海洋地震引发的，这种自然现象的威力之大简直令人难以置信。在公海上，这种海浪可绵延数百千米并波及几千米深的海底。它在海上的移动速度可与

海洋水文

喷气式飞机相比,与陆地的碰撞力也相当于一颗原子弹。那么,海啸发生后会有什么结果?1992年9月1日,太平洋发生了一次地震,陆地上几乎没有震感,只有地震仪才能测量到。然而,几分钟过后,在尼加拉瓜沿海一个名叫圣胡安·吉尔·苏尔的小镇,海湾里的水就像浴池里的塞子被拔掉一样,一下子流光了;但很快,2米高的海浪又涌了回来,洗劫了海滨浴场上的所有简易餐馆、酒吧,卷走了离海边数百米的人、房屋及汽车。在尼加拉瓜沿海的其他地段,海啸的浪头高达十几米,使将近170人丧生,1.3万人无家可归。1993年7月,日本海中的一次地震引发了袭击日本的最大海浪,汹涌的浪涛冲上了高出海平面295米的地方,造成120人死亡。

254. 我国目前能预报海啸吗?

大家都知道了海啸有如此巨大的破坏力,那么,我国目前能预报海啸吗?实事求是地说,预报海啸可不是一件简单的事。根据当前的科技实力,我国目前还不可能预测和预报海啸,其最主要原因是人们不能准确预报海底地震的发生。现代科技只能依据已发生的海底地震信息和沿岸潮位变化的异常来确定海啸的发生,也就是说,只能制作海啸警报。而且海啸警报制作也要求必须要快,而且要及时。海啸警报的制作过程是:当地震台网确定了引发海啸的地震震中位置,并在某一验潮站上发现表明海啸发生的异常变化后,即可用"海啸传播时间图"的方法,迅速计算出震源处的海啸强度,以及海啸波到达各海岸的时间和产生海啸的大小。把这些信息立即通知有关国家和地区,使其做好相应的防范,这就达到了海啸警报的目的。例如:1960年发生在南美洲智利的大海啸,需要经过13个小时左右传到夏威夷,约22个小时才传到日本。如果以太平洋海啸警报系统业务所要求的20分钟~60分钟内做出海啸警报,则对日本的警报时效多达21个小时,在这段时间是可以做出人员、船只撤离的一切准备的。1983年5月,在日本海发生过一次破坏性海啸,海啸发生后第7分钟,最靠近震中的验潮站已测到海啸波,第14分钟时已将制作的海啸警报向日本全国发布,并同时向太平洋沿岸各国的有关机构发送。由于警报及时,大大减轻了海啸的损失。据事后评估,如果没有这次正确及时的警报,此次海啸可能造成的人员伤亡将达几千人。实际上,这次海啸的死亡人员为104人,主要是在震中附近,而在警报发布以前,该地区就已经遭到海啸袭击了。

255. 太平洋海啸警报系统是如何组建的?

　　海啸是众多沿海国家遭受海洋灾害最猛烈的一种,特别是1960年的智利大海啸和1964年阿拉斯加大海啸,给太平洋沿岸国家带来的严重灾害,使得这些国家迫切要求能应用已有的科学技术和机构设施,来减轻海啸灾害的损失。

　　1966年,联合国政府间海洋学委员会通过决议,促请美国提供条件,成立国际海啸情报中心作为警报系统的执行机构。于是,美国政府利用在1948年组建的"地震海啸警报系统",承担了"太平洋海啸警报中心"的职责,并由政府间海洋学委员会设立一个"太平洋海啸警报系

统国际协调组"来协调该系统的业务,从此,世界上正式组成了太平洋海啸警报系统。

256. 历史上海啸的最大浪高有多少?

海啸从深海中传播到大陆架或海岸附近,会有相当多的能量被反射,加上海啸进入大陆架后,深度急剧变浅,能量更加集中,使海啸波的振幅也急剧增大。当海啸波进入近海湾内后,波高会骤然增大,湾口愈窄,波高就愈高,一般可增高2倍~4倍。如果海啸是在湾口和湾内反复反射,又会诱发湾内海水的固有振动,波高可达10米~15米,溅出来的水珠可高达50米以上。历史上(1792年)发生过的最大海啸的浪高达55米呢。

257. 海啸的破坏力到底有多大?

海啸的破坏力很大,但它到底能达到什么程度呢?就拿1960年智利发生的大海啸来说,当时因智利沿海700千米长的地壳发生变动(9.5级地震),引发的特大海啸波及全部太平洋沿岸。智力死900人,伤677人,834人下落不明,建筑物损坏严重;夏威夷死61人,伤282人,建筑物受损537幢;日本死119人,伤872人,下落不明有20人。海啸还把夏威夷群岛希洛湾内护岸砌壁约10吨重的巨大玄武岩块翻转,抛到100米以外的地方;横跨在希洛附近的怀卢库河上的钢质铁路桥,也被海啸推离桥墩200米。由于人们对这次海啸事前已作出了正确的警报,故伤亡人数大为减少。实际上,海啸的发生给沿海地区造成的灾害,有时会远远大于地震。例如1896年日本三陆外海200千米处的海底发生7.6级地震,由它引发的大海啸袭击了从北海道沿岸至牡鹿半岛一线,而以三陆沿岸受灾最重,最高波高达 24.4 米。这次大海啸造成 27122 人死亡,伤 9316 人,毁房 10617 幢。当海啸波向东传播到达夏威夷时,沿岸波高仍达 9 米。

258. 你了解印度洋大地震引发的大海啸吗?

事情发生于 2004 年 12 月 26 日世界标准时间 0 时 58 分 55 秒,印度尼西亚的苏门答腊岛以北印度洋海域发生了强烈地震,并引发海啸,东南亚和南亚数个国家受波及,造成重大人员伤亡。此次地震引发的海啸波及 14 个国家,海浪达 10 余米高,夺去了 30 万人的性命。

海啸后现场搜救

震中是位于印度尼西亚苏门答腊以北的海底,当地地震局测量的地震规模为里氏 6.8 级,而中国及其香港地区及美国测量到的强度则为里氏 8.5 级至 8.7 级。其后,中国香港天文台和美国全国地震情报中心又分别修正强度为 8.9 级和 9.0 级。这是自 1960 年智利大地震以及 1964 年阿拉斯加耶稣受难日地震以来最强的地震,也是 1900 年以来规模第二大的地震。它波及的范围远至波斯湾的阿曼、非洲东岸索马里及毛里求斯、留尼汪等国,地震及地震引发的海啸对东南亚及南亚地区造成了巨大的人员伤亡,其中,在印度夺去 1 万多人的性命,斯里兰卡 4 万余人遇难,而印度尼西亚死伤人数多达 20 万人。

259. 世界上哪些国家发生海啸比较多?

海啸虽然可怕,但并不是每一个沿海地区都会发生海啸。世界上,太平洋沿岸是海啸的多发地区。我国虽濒临太平洋,但不是海啸的多发区。我国有史料可查的破坏性海啸共发生过 25 次。其中 1781 年 5 月 22 日,台湾海峡的海底发生地震,引起了一次持续 8 分钟的大海啸,殃及台湾、福建、广东、浙江等沿海地区,夺去了 5 万多人的生命。事实上,世界上常发生海啸的国家只有日本、美国和南美洲的智利。1960 年,智利海底的地壳发生了大断裂,造成地震及海啸,海啸发生时浪头高达 6 米,持续了半天之久。巨浪以每小时 640 多千米的速度横扫了半个太平洋,摧毁了夏威夷群岛沿岸的建筑物,并且殃及远离震源 1.7 万千米的日本,把日本海边的一艘大渔船抛到码头上,还压塌了一幢民房,造成了多人伤亡。

260. 海底"风暴"是怎样发生的?

同学们可能觉得好奇,海底怎么会有风暴呢?实际上,海底"风暴"确有其事,海底风暴不像陆地风暴那样,人们可以见得到、体验得到,甚至有人还经受过暴风雨的洗礼呢。然而,海底的风暴现象人们是闻所未闻,就更难以想象了。

人们一般都认为深海底下是一片宁静的地方,蓝蓝的海水,鱼儿在那里自由翱翔……但近年来海洋科学家们却发现,海底并不平静,类似于陆地上飓风般的激流一年四季都在海底兴风作浪,科学家将这种现象称为海底"风暴"。在海底"风暴"现象暴发时,海水流动的速度高达每秒 50 厘米。在一些海域,这种海底"风暴"每年要发生 5 次~10 次。

科学家研究发现,每当海水和大气运动的能量集聚到一定程度时就会产生海底"风暴"。首先出现的是旋涡,大面积的海水会连续不断地作漩涡状运动,搅动水体中的海流速度增加。当海面上空大气风暴持续数日,海浪就越来越凶猛,传递到海底的能量就越来越大,于是海底"风暴"就产生了。海底"风暴"能量之大实属罕见,最猛烈的海底"风暴",它的破坏力可以相当于风速高达每小时 160.9 千米,而当风速超过每小时 119 千米时,人们已将其称为飓风了。

261. 海浪预报是怎样制作出来的?

现在,大家不管是要出海远行,还是下海游泳,只要注意收看中央电视台播出的海浪预报就可以了解到不同海区海浪的情况了,实在是太方便了。可你知道这海浪预报是怎样制作的

吗?制作海浪预报,首先要获得海浪的实况资料,如由船上、沿岸海洋站和沿海浮标测量的海浪资料和海上气象资料。这些资料传到国家海洋预报台以后,由计算机填在海洋图上,预报人员根据这些资料就可以分析出每天的海浪实况变化,再根

据常规的天气预报方法,预报出未来海上风场条件;有了未来海上风场条件,就可以应用多种预报海浪的方法,计算出未来海浪可能出现的情况了。

作出海浪预报后,还要经声像技术处理,制成预报图、广播稿、录像磁带等,分别传送到中央电视台、中央人民广播电台和无线传真发射台及时向外播出。

262.海浪会造成哪些危害?

人们要作海浪预报,是因为海浪会给人类造成危害。那么,海浪到底会造成哪些灾害呢?"海浪是航行的克星",这句话就真实地反映了海浪对航海带来的灾难。实际上,在海上引起灾害的海浪,一般是指波高6米以上的海浪,这主要是针对渔业捕捞、海水养殖、海上施工、航运交通等海上活动而言。因为波高6米的海浪已能对这些海上活动构成威胁,此时,一般就要停止作业或采取措施躲避了。当然,不同

大浪

性能的船舶抗御海浪的能力也不一样。海浪对沿岸工程设施的破坏往往是毁灭性的,一次巨浪袭来可能破坏整个港口的设施。据测量,近岸浪对海岸的压力,可达到每平方米30吨~50吨,难怪锚定在海底的万吨钻井平台也

能被巨浪吞噬掉呢。

263. 为什么说海浪是航海的主要敌人？

海上的灾害多种多样，如内波、潮汐、海流等，但对海上作业者来说，海浪却是灾害的主要制造者。据近200年来的统计，全球已有100多万艘大中型船舶遭受到巨浪狂风袭击而沉没；若包括小型船只在内，那数量更不知要翻多少倍了。近期一项研究还表明，海上破坏力的90%来自海浪，仅10%的破坏力是风引起的。原来，通常人们所说的"避风"，实际上就是"避浪"，因为所有避风港或锚地都是在海上。

264. 海冰的破坏力有多大？

海冰也是海洋灾害之一。著名的"泰坦尼克"号就是因撞击海冰而沉没的。海冰对海上船舶和港口设施的破坏，主要是海冰运动时的推力和撞击力，以及海冰静态时的胀压力和竖向力造成的。漂浮在海上的冰块，受风和流作用而产生的运动，其推力与冰块的大小和流速有关。1971年冬季，在我国渤海湾的新"海二井"平台观测结果计算出，一块64平方米，高度为1.5米的冰块，在流速不太大的情况下，它的推力可达4000吨（相当于每平方米有62.5吨的推力），足以推倒石油平台一类

乘风破浪

海洋水文

的海上建筑物。海冰的胀压力,除了与冰块大小有关外,还随海冰的温度变化而变化。经实验得出,1000米长的海冰,当海冰温度降低1.5℃时,海冰可膨胀出0.45米,这种胀压力也可以使冰中的船只变形受损。此外,海冰受潮汐升降引起的竖向力,往往还会造成海上建筑物基础的破坏呢。

265. 什么是警戒水位?

中国1998年的抗洪救灾,谱写了一曲爱国主义赞歌,将永远载入中华民族的光辉史册。而通过这一次抗洪救灾的洗礼,也使许多中国人增长了不少水文知识,"警戒水位"就是很突出的例子。在海洋知识中,警戒水位是指沿海某一个村镇、城市所确定的防潮水位的高度。当潮水水位上升到这一高度,有可能危及堤坝和沿岸建筑设施时,就需要开始警戒并落实防潮等各项措施了。

实际上,沿海各地的警戒水位是不一样的,确定的办法主要是依据沿海防潮设施的高度而定。所谓某地的警戒水位,就是指当地最低防潮工程的高度。对于某些重点城市、港口重要设施,警戒水位的确定是很慎重的,且随着防潮工程的建设而变化。例如:上海从20世纪60年代以来,沿黄浦江、苏州河修建的防洪墙,已数次加高,每加高一次,其相应的警戒水位也就要改变一次。

266. 风暴潮是怎样预报的?

大家对风暴潮可能给人类造成的灾害有了基本的了解,那么,你们知道我国的风暴潮预报是怎样进行的吗?我国已经于1986年7月1日开始,在中央电视台和中央人民广播电台向全国公众发布我国沿海主要港口和地区的风暴潮预报了。风暴潮预报分为风暴潮消息、预报和警报三种。风暴潮消息一般在风暴潮影响沿岸最严重时刻的前24小时～36小时发布。主要内容是通告沿海某一岸段在未来24小时内将受到风暴潮影响的范围和量值。风暴潮预报一般是在12小时～24小时内发布，预报主要是修正已发布消息中的内容，给出更精确的量值和各种可能的发展变化。风暴潮警报是在预计潮位接近或超过当地警戒水位，并可能受灾时才发布的，时效一般在6小时～12小时之间，内容一般包括风暴潮高水位出现的时间和地点。我国是由国家海洋预报中心负责发布全国沿海风暴潮预报的。

卫星观测图

267. 如何预测海平面上升？

由于海平面上升对人类威胁很大，所以全球各沿海国家的许多科学家都在从事海平面上升的预测工作。还有数以千计的海平面观测站在每时每刻连续记录着海平面的变化，其中记录最长的时间已超过了300年。20世纪40年代的哥登伯格收集了有代表性的世界各地海平面的资料，并提出海平面正以每年1.1毫米的速度上升的观点。

海洋水文

在60年代时,一些科学家就已经进行了统计,近百年来海平面上升速率为每年1毫米～1.5毫米;进入70年代则出现小的波动变化。1980年又有一位科学家通过对全球725个观测站的资料进行分析,得出的结果是:海平面上升速率在大陆沿岸为年平均3毫米,岛屿沿岸为2.5毫米,而在1970—1974年的5年中,年平均上升到14毫米。近来的卫星数据还表明,全球海平面正以每年3.9毫米的速率上升,远高于近百年来海平面上升的平均速率。

268. 我国海区海平面变化情况如何?

人们一定都很关心我国沿海海区海平面的变化情况。我国的海平面变化情况是由国家海洋信息中心通过大量资料分析后得出的。近百年来,我国海平面变化各海区不一,大多数海区为上升趋势,个别海区出现下降,总体仍呈上升状态,年上升率为1.4毫米,其中渤海为0.5毫米,东海为1.9毫米,南海为2.0毫米,只有黄海海平面年下降率达0.2毫米。有人认为,这是因为山东半岛地壳呈缓慢上升的趋势造成的,上升率为年2.5毫米,其上升率比该海区海平面的上升还要快,故显示海平面在相对下降。

269. 海平面上升会引起哪些灾害?

海平面上升对岛屿国家和沿海低洼地区带来的灾害是显而易见的。海平面上升会淹没土地,侵蚀海岸。全世界岛屿国家有40多个,大多分布在太平洋和加勒比海地区,这些岛国一般都地势低,有的甚至在海平面以下,靠堤坝围护国土,海平面上升将使这些国家面临被淹没

海平面上升引发的灾害

的危险。海平面上升,也会加强海洋的动力作用,使海洋侵蚀加剧,特别是碱质海岸受害更大。据统计,我国沿海已有70%的碱质海岸被侵蚀后退,给旅游休闲海滩沙地带来灾害性的后果。海平面上升还会使盐水入侵、水质恶化、地下水位上升、生态环境和资源遭到破坏,助长台风、暴雨,造成风暴潮强度加剧等。

270. 哪些因素会导致海平面上升?

海平面上升会带来很多危害,那么,到底哪些因素会导致海平面上升呢?目前,海平面上升已经是科学家关心和研究的课题。经过多年研究,科学家发现,导致海平面上升的主要因素是全球变暖。据气象资料统计,在过去100年里,地球表面气温增加了0.3℃~0.6℃。这种气候变暖可促使海水的热膨胀、两极冰盖和冰山的消融以及山岳冰川的融化,这些都可以导致海平面的上升。除此之外,人类活动引起的变化也不可轻视。这其中主要是地下水的提取、地表水的分流以及改变土地使用方式,这些都意味着本应储留在陆地上的水,最终汇集到海洋中去了。例如:抽取地下水是把储藏在地下的水转移到地表,其中一部分水可回流到地下蓄水层,但大部分被抽取的地下水,特别是用于灌溉的农田水,大都汇集到河流或蒸发进入大气变成云雨,最终都进入海洋。同样,干旱地区用河水、湖水灌溉也大大增加了蒸发,长时间地将大陆内地的水转移到了海洋中。

271. 为什么"温室效应"是导致海平面上升的因素之一?

影响海平面上升的因素有很多种,然而,"温室效应"是不可忽视的重要因素之一。

"温室效应"也叫"花房效应",最早起源于农业生产中的暖房。暖房就是用容易透射阳光的玻璃作屋顶,白天通过玻璃大量接收太阳光照,使温度上升,以供农作物的需要。这个作用应用到气候研究上,科学家把地球周围的大圆圈,看成是"玻璃屋顶",白天它可以吸收太阳辐射到地球上的热量,夜晚因大气圈里含有温室气体(如二氧化碳等),不能把太阳辐射的热能全部发射出去,这样就起到了所谓的"温室效应"。

近百年来,随着现代工业的发展,矿物燃料煤、石油在燃烧过程中释放出来的温室气体越来越多,仅二氧化碳量已达上百亿吨,并以每年1%的速度增长,估计今后100年内还要增加一倍,那时,全球气温因温室效应将升高1.5℃~4.5℃,超过了人类有史以来的最大增长幅度。为此,很多国家正采取措施,提高能源效率,改变能源结构,削减工业用煤,限制砍伐热带雨林,加速绿化,等等,以减少向大气排放温室气体，不少科学家还在设法寻求减少温室气体的方法。当然，大气温室效应增温仅是气候变暖的一个主要因素，其他因素目前还在不断探索中。

272. 海平面上升的数据及严重后果有哪些？

联合国政府间气候变化专门委员会于 2007 年发布的预测数据指出，全球变暖可能导致海平面在本世纪上升 18 厘米～59 厘米。同年，我国的国家海洋局也发布：近 30 年来我国沿海的海平面总体上升了 90 毫米，这一上升速率高于全球的平均水平。

2009 年，在气候变化国际科学大会上发布的研究数据指出：通过卫星和地面勘测数据表明，自 1993 年以来，海平面以每年 3 毫米甚至更高的速度在上升。这个速度已经远远超过了 19 世纪的平均水平。

其他的研究数据还表明：全球约有三分之二的人口生活在离海岸线 500 千米以内的沿岸地区，人口密度平均较内陆高出 10 倍；世界上大约有 6 亿人口处于由于海平面上升而被淹没的危险地带；由于地球气温上升促使海平面上升，会导致全球 43 个小岛国家从地图上消失，等等。

273. 未来全球海平面的变化趋势如何？

人们都非常关心未来全球海平面的变化趋势，然而，科学家们对于未来全球海平面变化趋势的预测也有多种说法。仅就气温上升预测海平面变化来看，联合国有关组织在 1990 年曾预测，到 2030 年全球海平面将上升 18 厘米，到 21 世纪末将上升 66 厘米。中国科学院地学部 11 位院士和 8 位专家经分析认为，我国海平面的变化与全球变化基本一致,呈上升趋势。并预测到2050年我国各海区的上升幅度,在珠江三角洲为40厘米～60厘米、上海地区为50厘米～70厘米、天津地区为70厘米～100厘米。总的看来,其预测数值远大于全球海平面上升的速率。

274. 北极的冰与南极的冰融化后造成的危害一样吗?

北极和南极都属极地寒冷带。北极是海洋,而南极则是大陆。虽然北极与南极都是冰雪覆盖,但北冰洋的冰层与南极的冰层有着很大的区别。南极的冰层是堆积在高耸的陆地上。南极的冰层融化或者裂开进入海洋,将会使全世界的海平面上升许多英尺。但北冰洋则不然,它的冰层融化,不会产生如此结果,这是因为水面上的冰所排开的

南极冰

水体体积几乎与它融化后的水体积相等。举例来说,当一块漂浮在杯中的冰融化时,水平面并不升高。

所以说,假如南极的冰雪融化,将对世界上造成的危害是最大的,而北极由于原先就处于水的海洋上,它的冰再融化也不会造成危害。

275. 厄尔尼诺现象和拉尼娜现象是怎么回事?

在赤道中、东太平洋,表层海水温度比一般年份异常偏高时,被称为"厄尔尼诺(圣婴)"现象,而表层海水温度比一般年份异常偏低时,被称为"拉尼娜(圣女)"现象,又

被称为反"厄尔尼诺"现象。我国科学家认为,如果赤道中、东太平洋海域的表层海水温度连续6个月比平时低0.5℃,就是一次拉尼娜事件。

拉尼娜现象指的是厄尔尼诺现象的反相,一般发生于厄尔尼诺之后,但也不是每次都这样。有关专家指出,拉尼娜现象对气候的影响很难预测,因为它不像厄尔尼诺现象那样简单。美国国家海洋和大气管理局认为,拉尼娜现象可能使美国东南部冬天的温度比正常时期高,而西北部比正常时期低。英国的科学家认为,拉尼娜现象将使北美洲的西部地区、南美洲及非洲东部地区面临干旱威胁,而可能给东南亚、非洲东南部和巴西北部造成水灾。中国国家气候中心的专家认为,拉尼娜的危害不会有厄尔尼诺那样大;影响我国气候的因素很多,现在还很难估计拉尼娜现象对我国气候的具体影响。

276. "厄尔尼诺"给人类带来哪些灾害?

提起"厄尔尼诺",人们就知道这是灾难的象征。那么,"厄尔尼诺"给人类带来哪些灾难呢?每当"厄尔尼诺"现象发生,南美洲西海岸海域的海水温度会迅速升高,生活在这一海域的冷水性浮游生物和各种鱼类大量死亡,海洋生态环境遭到严重破坏。与此同时,以鱼为食的各种海鸟,也因缺少食物而大批饿死;死

厄尔尼诺引发的灾害

鱼、死鸟漂浮在海面,腐烂后,使海水变得腥臭难闻,而引起大面积的海洋污染;同时,又会导致疟疾、霍乱等疾病的大规模暴发。沿海地区的气候出现反常,炎热地区温度骤降,寒冷地区温度骤升;多雨地区出现干旱,干旱地区则连日暴雨。更为严重的是,它还会引起全球性的气候异常,表现为旱灾增多、洪水频发、暴风雨肆虐、酷热难当等等。

"厄尔尼诺"带来的自然灾害让人胆战心惊。科学家们正在研究对付"厄尔尼诺"的办法呢。

277. 哪一次"厄尔尼诺"现象最震惊世界?

近些年来"厄尔尼诺"现象已经多次干扰人类的正常生活,最震惊世界的一次可算1997年的"厄尔尼诺"现象了。1997年,我国华北、东北广大地区,出现了50年来罕见的持续高温闷热天气,气温连续半月徘徊在37℃左右。长江以北大部分地区持续高温少雨,旱情急剧发展,全国农作物受旱面积达3.2亿亩。与此同时,广东省的某些地区的短时降雨量却达到百年一遇的最高值,个别地区因为高强度降雨引发了山体滑坡和泥石流。在世界其他地方,一场近20年来最严重的暴风、雨、雪侵入了南美洲的智利、阿根廷,使得智利从北到南,形成了一个长达1300多千米的受灾区。热浪还大举袭击了亚欧大陆的其他地方。总之,这一次"厄尔尼诺"造成欧洲、亚洲、拉美、澳洲及非洲的许多国家2000多人死亡,经济损失达300多亿美元。

278. 赤潮是怎样发生的?

赤潮是海洋受到污染后所产生的一种生态异常现

象,它的直接原因是由海水中有机物和营养盐过多而引起的。它主要发生在近海海域的富营养化现象的水域中。在人类活动的影响下,生物所需的氮、磷等营养物质大量进入海洋,引起藻类及其他浮游生物迅速繁殖,一些浮游生物甚至出现暴发性繁殖,大量消耗了水体中的溶解氧量,造成水质恶化,成为赤潮,使鱼类及其他生物大量死亡。通俗地说,引起赤潮的最根本原因就是海水污染。因为人类在近海区域活动多,海洋污染日趋严重,赤潮发生的次数也随之逐年增加。

279. 赤潮有什么危害性后果?

一旦在海域内发生赤潮,会给在海洋中生活的其他生物、海洋环境乃至生活在这一海域沿岸的居民造成严重危害。高度密集的赤潮生物能将鱼、贝类的呼吸器官堵塞,造成大批鱼和贝类的死亡。这些被赤潮毒死的鱼或贝类在海水中能继续分泌毒素,又危及其他海洋生物的生长。赤潮生物的残骸在海水中氧化分解,大量消耗水中的溶解氧,使局部海区的海水发臭,恶化海洋环境。如果人食用了被赤潮污染的鱼或贝,还能造成死亡呢。因此,防止赤潮的发生是许多海洋科学家十分关注的课题。人们都形容赤潮是海洋生物的杀手,因为赤潮的频繁出现,会使海区的生态系统遭受严重破坏,甚至会造成许多生物物种的灭绝。

280. 渤海的污染状况如何?

在中国四大海区中,渤海三面环陆,一面临海,海岸线总长为3784千米,总面积7.7万平方千米,号称是中国的"鱼仓"、"盐仓"和"油仓"。可是今日,由于渤海海水受到日益严重的污染,渤海的生态系统正面临生死关头。据1995年的统计数据表明,渤海每年要承受污水28亿吨、污物70多万吨,承受着全国污水排海量的三分之一和全国沿海来自陆地污染物的近一半。此外,作为中国第二大产油区,渤海几乎每年都要发生多起溢油事件,原油、柴油等泄漏不断给大海和依托大海而存在的滨海旅游及水产养殖带来沉重打击。中国海洋环境监测机构的监测结果也表明:由于辽东湾、渤海湾、莱州湾均受到不同程度的污染,使整个渤海生态系统退化,水产资源衰竭。可以说,渤海现在正因为蒙受污染而濒临生死关头,再不拯救渤海环境,后果不堪设想。

污染后的海水

281. 渤海的环境恶化有哪些表现?

渤海的环境恶化表现在许多方面。一些近岸海域的污染已经超过了海水的自净能力,达到了临界点。由于渤海海水受污染严重,在渤海近岸的海湾和河口,出现了无大型生物区和地区性生物的灭绝。20世纪90年代以来,渤海生态系统严重退化,生物多样性急剧减少,优势种群基本消失。大型鱼类资源基本破坏殆尽,小型鱼虾资源严重衰退。1997年的监测资料显示,渤海无机氮超标率为60%;无机磷超标率为68%;油类为63%。渤海海区生态系统正在失去平衡。在渤海生态系统中,经济鱼类持续减少,有的濒危,有的绝迹。随着物种的消失和食物链的断裂,海区整个生态系统逐渐走向解体。当整个生态系统破坏到不可逆转的程度,渤海海域就无法恢复生产能力了,这就意味着它已经死亡。

282. 我国哪个海区赤潮发生最频繁?

赤潮是一种严重的海洋环境污染现象。我国海洋研究机构的研究结果发现,从1993—1997年我国已观察到的赤潮中,东海共发生132次,黄渤海共发生72次,南海为61次,其中东海近年来每年都要发生赤潮19次以上。因此,赤潮在我国东海发生的频率最高。那么,为什么赤潮在我国东海发生频率最高呢?海洋环境专家根据海水富营养化容易引发赤潮的规律对这一现象的解释是:中国最大的河流长江携带着大量的富营养物质流入东海是造成这一海域赤潮多发的主要原因。此外,不同盐度的海水

形成的锋面是引发赤潮的另一个原因,由于台湾暖流北上或外海海水在浙江沿海形成的锋面,也会使东海多发生赤潮。

283. 为什么赤潮多发生在春夏温暖季节?

什么季节赤潮的发生频率高?实际监测结果告诉我们,赤潮多发生在春夏温暖季节。而且还多发生在雨过天晴、风和日丽、海流缓慢、水温较高的时段内。这是由于雨后的河流把陆地的大量营养物质(碳、氮、磷、硅等)冲入大海,充足的阳光可加速浮游植物的光合作用,使其大量繁殖,而海流缓慢又使其不易消散,这就使赤潮容易形成。因此,这一时段应特别加强监测,以便及早采取防御措施。如养殖场可以采用边人工增氧,边提前捕获以减少损失。

284. 人类的哪些行为迫使大海发出红色警告?

原来,胸怀无比宽阔的大海,也有被"激怒"或被"逼迫"得不得不向人们发出警告的时候。赤潮便是大海向人类发出的警告。那么,是人们的哪些行为将大海激怒得"面红耳赤"呢?

归纳起来主要有三个方面:一是人们对农作物施以超量的化肥、农药等,它们积累在土壤中,并随着江河排泄入海;二是工业生产、生活垃圾和污水被大量注入海中;三是沿海地区的过度海水养殖,过多的残饵腐败污染了海水。这些因素都会使海水中的各类物质,包括大量矿物质和有机物不断增加。

285. 赤潮常出现在哪些海区？

赤潮的出现与海区有直接的关系。在海水流动较为缓慢、海水较浅、风力较小、水温较高的沿岸、港湾等海域，海水容易富营养化，为某些海洋浮游生物的快速大量繁殖创造了有利条件，甚至可以使某些浮游生物"独霸一方"。因为这些生物的大量、快速繁殖使海水中氧气急剧下降，致使其他浮游生物死亡、腐败，产生硫化氢等有害物质，并进一步加剧其他浮游生物及鱼虾的死亡，造成了恶性循环。据专家分析，可分泌大量毒素造成赤潮的浮游生物在我国沿海有63种，最多的有甲藻类32种、硅藻类24种、蓝藻3种及原生动物1种。人们统称它们为赤潮生物。

286. 食用受赤潮污染的海产品对人体有没有危害？

赤潮不仅能破坏海洋生态环境，使海中浮游生物死亡殆尽，使游动能力强的鱼虾改变繁殖场所，海水养殖绝收，海水变色发臭，危害水产、海洋生物资源，同样也危及人类的健康。人如果吃了受赤潮污染的海产品或在赤潮海域内游泳也会中毒甚至死亡。比如，食用了赤潮海域的鱼虾贝类等水产品，就可导致人体中毒。1986年，我国福建东山县的居民因吃了赤潮发生区的"菲律宾蛤仔"，就曾造成136人绿甲藻中毒、1人死亡的悲剧。

287. 香港海区的赤潮生物有什么特点？

1997年曾经困扰香港养鱼户的赤潮，也是由海水里的大群浮游生物集结造成的。它们包括夜光虫、硅藻及双鞭藻等。在春末夏初季节转换时,因水质变化和养分提高使这些浮游生物大量繁殖,在日光照射下形成大片红色,故也被称为红潮。

经专家研究发现,浮游生物夜光虫,能独立进行光合作用自制养料,而且本身有独肢,可以作伪足在水中爬动,因而还兼具动物和植物两种特性呢。

288. 肆虐粤港海域的赤潮是什么引起的?

1998年的3—4月,一场来势凶猛、规模空前、肆虐粤港海域长达一个月之久的"红魔"——赤潮袭击了香港和广东,给粤港两地的海水养殖业带来了巨大的损失。

这次赤潮自3月中旬开始,在香港、深圳、珠海、惠东、阳江等海域相继爆发,所到之处鱼尸满目,臭气冲天,香港的26个养殖区竟有24个遭劫。据统计,赤潮给粤港两地造成的经济损失达3.5亿元之多,其中广东近5000万元!肆虐粤港海域的赤潮缘何而起呢?专家们一致认为,影响粤港海域的赤潮中造成鱼类大量死亡的罪魁祸首就是米氏裸甲藻(香港称"螺沟藻")和鳍甲藻,其爆发性增殖刺激鱼类分泌或产生粘液,堵住了鱼鳃,妨碍了鱼类呼吸,导致鱼类窒息死亡。同时,上述藻类又消耗了水中的大量氧气,造成鱼类缺氧而死。

289. 为什么粤港海域的赤潮越来越严重?

粤港海域是赤潮的多发区。据记载,1980—1990年间,珠江口至大亚湾一带共发生赤潮22次,进入90年代以来,赤潮发生更加频繁,有的海域,一年内发生赤潮达4次之多。但他们大多面积较小,且持续时间不长,因此均未引起太多的关注。1997年10月在饶平县柘林镇海域发生的赤潮,一下子便夺走6000多万元的财富,人们这才开始有所警醒。1998年又爆发了规模空前的赤潮。那么,为什么赤潮频繁光顾粤港海域,并且越来越严重呢?一个肯定的原因就是海水污染。据统计,每年注入香港维多利亚港的污水相当于1000个奥林匹克游泳池的体积。广东的生活污水排放量从1992年的13亿吨增加到1997年的29亿吨,而经过处理的不足10%。随着工业的日益发展,污水排放量增加,污水中大量的氮、磷造成海水的富营养化,直接刺激海藻的疯狂增殖。另外,大量滩涂围垦使海洋地质环境遭到破坏也为赤潮的产生创造了条件。

290. 海洋中出现"死亡地带"的原因是什么?

在美国俄勒冈州的海水水域,近些年死去的贝类、岩鱼、海星和其他海洋生物不断增多,并散布在大面积的海底。俄勒冈州立大学的科学家和其他海洋专家曾派遣水下机器人对海底的死亡地带进行了拍摄,同时对俄勒冈海岸的氧气水平以及其他环境条件进行了不间断监测。监测的结果发现,最坏的情况出现在2006年,近海沿岸死亡地带从南俄勒冈扩散到了华盛顿,死亡的鱼蟹甚至被海水冲刷到了奥林匹克半岛的海滩上。这种情况到2007年才有所好转。

尽管在远离海岸的地方发现大面积缺氧水域是正常现象,但这些水域的范围快速扩增却是不正常的。科学家将其中的部分原因归结于气候的变化,并从气候变化的角度开展研究。他们研究的结论是:气候变化导致海岸沿线地带的风力更大、更持久,多风的天气状况带动更多富含营养的深层海水向上翻涌。在正常水平下,这股上涌的海流为维持海洋生命的丰富性提供了保障,但如果海水营养成分过多,就会出现繁荣和萧条循环更替,最终形成一个几乎没有氧气的海洋"死亡地带",无法从中逃脱的海洋生物就会窒息而死。

291. 网箱养殖为什么也是形成赤潮的重要原因?

近些年来,由于海水养殖技术的不断提高,海水高效养殖海产品发展速度很快,也确实满足了人们喜食海鲜的愿望。但是在海水养殖上也隐含着另一个隐患,网箱养殖缺乏科学性又是赤潮发生的另一重要原因。网箱越密,赤潮发生率越高,仅广东的饶平县柘林镇一带海湾,就密布着近两万个海水养殖网箱,大量饵料残渣及鱼类粪便沉积海底,有的地方竟厚达一两米,每当海水泛起时,这些海底沉积物就成为海底生物的"高级营养品"了。

292. 为什么长江洪水过后还要警惕长江口发生赤潮?

1998年和1999年,长江都出现了历史上罕见的洪水。而洪水过后,海洋环境学家竟提出要警惕长江口地区海域出现赤潮。为什么要作这样的警惕呢?原来,长江长时间的特大洪水势必携带高氮、磷的陆地污泥浊水汇聚长江口,使该区域的富营养化问题加剧。而且,长江口地区海域本身的营养盐已经过剩。我国专家曾对该海域营养盐状况进行过监测,结果表明,20世纪90年代该海域氮的含量比20世纪60年代增加了6倍。另外,洪水过后的高温天气也为赤潮发生提供了有利条件。

293. 渤海发生赤潮的根本原因是什么?

1998年渤海发生的赤潮是继1998年3—4月粤港赤潮之后,海洋再次向人们敲响的海洋环境警钟。面积约7.8万平方千米的渤海是我国受污染最为严重的海域,其根本原因在于陆地污染物的转移和渤海的开发利用还基

赤潮发生后的海面

本处于无序、无度状态,每年排入渤海的污水达28亿吨,污染物占全国海洋接纳污染物的一半。如此大量的污染物质在此聚集,再有相应的日照和水温条件,怎么能避免赤潮发生呢?专家们呼吁,渤海的治理已到了刻不容缓的地步,建议将其治理纳入国家计划,从法规建设、管理体制、投入基金等几个方面采取对策。

294. 渤海发生大面积赤潮的主要生物是什么?

1998年,在渤海海域发生了面积最大的一次赤潮,面积达到3000平方千米。9月18日和19日,中国海监飞机在渤海锦州湾东部海域上空执行巡航监视任务时,发现大面积海水水色异常,颜色为褐红色或棕红色,呈条带、片状

分布。海洋执法监察部门组织力量赶赴现场进行调查和分析。根据现场调查、海监飞机的跟踪监视以及卫星遥感图像分析,国家海洋局确认这次水色异常现象就是赤潮。这次赤潮发展很快,从9月18日发现到9月底,面积从2000平方千米发展到3000平方千米,快速向渤海中部发展。赤潮距海岸最近距离仅有8海里。对赤潮海区水样样品进行的分析测试结果表明,造成赤潮的主要生物是叉状角藻,已经占整个浮游植物群落的99.95%,另一种赤潮生物是倒卵形鳍藻。叉状角藻耗氧量大,容易引起海洋生物死亡;倒卵形鳍藻虽然数量较少却可以通过在贝类体内的蓄积产生毒性,对人体构成威胁。

295. 人类目前能够预报赤潮的发生吗?

对于赤潮的研究,人们已经投入了很多精力,但时至今日,引起赤潮的原因尚未完全清楚。赤潮发生的机理,以及赤潮与各种海洋环境要素的关系,仍然是科学家们正在深入研究的课题。比如,现在普遍认为,赤潮与海洋污染有密切关系。但是,人们在远离海岸的大洋深处也发现过赤潮,这是为什么呢?难道除了海区富营养化能引起赤潮外,还有别的什么原因?再如,人们还发现,暴雨过后,海水表层盐度迅速降低,也能刺激赤潮生物的大量急剧繁殖,这又是为什么?正因为人们无法完全弄清楚赤潮生成的内在机理和发生规律,所以至今也无法准确预报哪些海区内有发生赤潮灾害的可能性。

296. 有没有办法迅速消除赤潮的影响?

现在,赤潮已成为当今世界的一种新的灾害,它正日益严重地恶化着海洋环境,破坏着海洋渔业资源和海洋生态平衡,危害沿海的旅游业和水产养殖业。还有人因误食被有毒赤潮生物污染的海产品而中毒,甚至死亡。那么,当赤潮发生后,有没有办法迅速消除它的影响呢?遗憾的是,到目前为止,人类还没有更有效的办法在赤潮产生后迅速地消除赤潮,而只能在"防"字上下工夫。要防止赤潮的产生,就必须大力加强海洋环境的管理,采取相应的有效措施控制污染物特别是化学污染物的排海量,避免或减少赤潮的产生,否则由赤潮造成的损失和危害还会更大。

海洋水文

探测海洋的波脉

297. 什么是海洋常规观测？

大海是那样变化莫测,那么,怎样才能了解海洋的秘密,又怎样才能掌握海洋的变化规律呢？那就要对海洋进行常规观测。可以这样说,海洋常规观测就是观察大海变化的最基本的手段。海洋常规观测就是海洋工作者利用各种海洋仪器,把大海每天的微小变化记录下来,形成宝贵的海洋观测资料,这些资料就是从事海洋预报和科学研究的重要科学根据。平时人们常说的潮汐现象、海平面升降、海水表层温度、盐度的变化等,都是通过观测资料经过分析得出来的。海洋常规观测是每天都不能间断的,无论严寒酷暑,海洋工作者总是要认真地履行他们观察、记录海洋现象的职责。目前我国已具有几十年的系统海洋观测资料,这些资料已经在我国的海洋科学研究、海岸工程建设、海洋交通运输等方面发挥了重要作用。

298. 怎样选择常规观测点？

同学们,你们知道吗？进行海洋常规观测,首先是必须选择合适的常规观测点。中国的海岸线有 18000 千米长,海域面积有 300 万平方千米,怎样才能把海洋的各种变化都观测下来呢？我国的海洋科技工作者经过周密的考察,在每个海域的沿岸都挑选出适宜的地点,这些点就是通常所说的观测点了。海洋观测点的选择不是随意的,而是选择在有代表性的海滨,以便于在岸边进行水温、盐度、潮汐、海浪、海冰、气象等观测。通过在这些点观测的资料,基本能如实地反映出周围海域的水文气象状况。我国在三大海区如北海、东海、南海均建立了多个常规观测点。

海洋水文

但是,岸滨常规观测点的位置不是永恒的,它要根据周围环境的变化而不断调整,海洋观测点的迁移、增设与取消都是常有的事。为了使观测点选择更合理,海洋科技工作者还要经常对观测点进行考察与论证呢。

299. 怎样观察大海里的变化?

人们在岸边建立的观测点,观察的只是近岸的海洋变化。那么,大海之中的变化怎样去观察呢?我国的海洋科技工作者已研制出一种无人操作的海洋观测工具——海洋自动观测浮标。浮标是一种新型现代化的海洋观测工具,它几乎可以观测所有的海洋水文气象要素,具有无人现场管理,长期、定点连续观测,实时传输,资料快速处理,所获资料质量可靠等特点,可直接为海上的交通、油气勘探开发、军事活动、沿海工农业生产、防灾减灾等服务。因此,海洋浮标观测对我国的海洋经济持续稳定发展具有十分重要的意义。

300. 什么是海滨观测?

海滨观测是为了获得某些准确的海洋数据的重要来源,在海滨的固定地点所进行的水文观测。海滨观测是海洋环境调查、监测的一个组成部分,是海洋环境研究和海洋开发的基础工作。开展海滨观测工作,进行长期定点连续观测,是了解和掌握海滨水文、气象状况及其变化规律的基本手段。我国已有的60多个海洋站的各种观测项目均属海滨观测。海滨观测是一种不用船只,在一年365天都要连续观测的方式。这种观测所获得的资料是我国的重要海洋观测资料之一。

301. 我国设有哪些海洋观测站？

利用海洋观测站进行海洋观测是获取海洋资料的最直接途径。我国在沿海及岛屿设有海洋站、验潮站、水位站、测冰雷达站200多个，其中，海洋站65个，永久性验潮站70多个，监测海上台风的雷达站6个，测冰雷达站1个。这些台站是我国海洋环境监测网的主要组成部分。其中，一些台站正按照现代沿岸海洋观测系统的建设要求进行改建和扩建，实现从网上实时发布数据。现在，国际上的自动化站正在逐步取代历史上的常规观测站，我国第一个无人自动化观测站也于1989年5月在吕泗平台建成。我国最早的潮汐观测站设在青岛港，于1900年开始观测。后来，根据需要，青岛港的潮汐观测站迁移到小麦岛，改建成我国海洋站中第一批自动观测站。

海洋观测站

302. 南沙也有海洋观测站吗？

南沙群岛是我国南海诸岛中位置最南端，岛礁最多，分布海区最广的一个群岛，南沙群岛的特点是岛、礁、滩和沙洲多。有些暗礁在涨潮时淹没，退潮时露出，我国最南端的海洋观测站，就建在其中一个露出水面只有一张桌面大的暗礁上，这个暗礁就叫永暑礁。你知道南沙海洋站距离祖国大陆有多远吗？它约有740海里，离西沙群岛的永兴岛还有440海里呢。它在太平岛至南威岛之

海洋水文

间,位于南海中央航线和南华水道交汇处,西北距越南金兰湾约250海里。可以说,南沙海洋站是我国最现代化的海洋观测站,也是祖国版图上最南端的海洋观测站。

303. 南沙海洋站是怎样建成的?

南沙海洋站是在一张仅有桌面大的暗礁上建立起来的,可是,在一个只有一张桌面大的暗礁上要建立一个海洋站该是多么不容易啊!为了建这个海洋站,中国专门派了44名海洋专业技术人员组成了南沙群岛考察队,乘"向阳红5"号海洋科学调查船赴南沙海域进行海洋站选

南沙海洋站

点勘察,最后根据勘察分析,得出了永暑礁适合建站的结论。1987年年底,经国务院、中央军委批准,在南沙群岛永暑礁建设有人驻守的海洋观测站,并配备必要的观通器材和海洋观测仪器,从事海洋观测。建设南沙海洋站的工程于1988年2月正式动工,1988年7月全部结束,并于7月10日成功地发射了南沙站海洋水文气象观测资料讯号,为我国海洋事业写下了新的篇章。1988年8月2日,在南沙永暑礁上还举行了海洋站落成典礼呢。

304. 浮冰上能建考察站吗？

一般地说，建立考察站不是在沿岸就是在岛屿上，而浮冰是流动的，上面怎么能建立考察站呢？实际上，世界上一些发达国家的极地工作者，早在20世纪30年代就在极地的浮冰上建立考察站了。由于浮冰是流动的，所以在浮冰上建站的困难很多，第一个困难就是冰雪融化问题。即使在北冰洋，夏季也会遇到冰雪融化，雪水会流入考察队员住的房屋和帐篷；第二个困难是北冰洋处于北极，一到冬季，严寒、暴风雪以及漫长而又昏暗的极地之夜又给考察队员带来新的麻烦；第三个困难也就是最大的困难，由于冰块是在运动的，冰块之间的挤压会造成冰原破裂，若冰裂之处正好是建站的地方，裂缝又恰好穿过帐篷，那么不仅会使帐篷倒塌，里面的全部设备会沉入大海，连考察队员的生命也将受到威胁。总之，无论是在浮冰上建站，还是在浮冰上工作都是非常危险的。尽管如此，为了科考工作的需要，科考队员们还是要冒着生命危险，把考察站建在浮冰上。

305. 北极浮冰上的第一个考察站是何时建立的？

北极浮冰上的第一个考察站是在1937年5月由苏联建立的。这个站的名字叫"北极1号"。在北极浮冰上建立考察站可不是一件容易的事。为了在北极浮冰上建站，前苏联的极地工作人员首先在发现和开拓北方航道上做了大量的工作，随后他们又研究了那里的气候特点、海流方向和北极中央区海水的运动规律。除此之外，为了能够顺利地把探险使用的物资运往北冰洋，他们还在鲁道夫岛——法兰士约瑟夫地最北部的岛屿上建立了一个航空基地。北极浮冰上的第一个考察站的地址位于北纬80度26分,西经78度的巨大冰块上,这块冰的面积约为4平方千米。建站初期,站上有4位工作人员,他们是"北极1"号的站长伊凡·德米特里耶维奇·帕帕宁、富有经验的极地工作者兼报务员爱伦斯特·捷奥多洛维奇·克林盖尔、水文地质和海洋学家彼得·彼得洛维奇·申尔晓夫和天文地磁学家叶甫盖涅·康斯坦丁洛维奇·费多洛夫。1937年5月21日这一天,世界上第一个北极站正式开始了它的科学研究工作。

306. 为什么要了解和掌握水温的变化?

人们要经常测量体温,因为从体温的变化中可以了解人体的健康状况。同样,大海的水温变化也可以带来许多异常现象。如水温异常升高,海区的鱼类及其他生物会死亡,"厄尔尼诺"现象表现在水文方面就是东太平洋水温升高,造成该地区严重的自然灾害等。因此,掌握水温的分布变化规律对巩固国防、推动国民经济发展有着重要意义。例如,水面舰船的主机和冷却系统是需要根据海水温度的高低来设计水温的;滨海电厂的取水口、排水口的选择问

海洋调查

题也直接与海水温度有关;水温分布变化能够制约生物的生长与活动状况等;此外,水温分布对铺设海底电缆、温差发电、海气交换的研究等都具有重要的意义。即使到海里去游泳,下水之前还要了解一下水温的情况呢!

307. 水温观测的准确度要求是什么?

在海洋观测中,海洋水温的单位,均采用摄氏温标(℃)。由于温度对密度影响显著,而密度的微小变化都可导致海水大规模的运动,因此,在海洋学上,大洋温度的测量,特别是深层水温的观测十分重要,而且要求达到的准确度也很高:下层水温的准确度必须在0.05℃以下;如果是研究温度变化很小的深层大洋,甚至还要求达到0.01℃呢。要达到这样高的准确度,必须使用十分稳定和灵敏的温度计,同时还要求观测人员必须经常加以仔细的校准。对大陆架和近岸浅海水域的水温进行测量时,其温度的变化相对较大,用于测定表层水温的温度计就可以了。在实际工作中,主要还是根据所测项目的要求,制定出测量的准确度范围。

308. 海冰观测包括哪些内容?

每到冬季,我国都要派出观测人员对海冰进行观测考察。海冰观测的主要内容包括浮冰观测、固定冰观测和冰山观测。海冰观测项目有冰量、密集度、冰型、表面特征、冰状、浮冰块大小,浮冰飘移方向和速度、冰原及冰区边缘线。对于固定冰观测项目还有冰型和冰界等。具体来说,就是堆积量、堆积高度、固定冰宽度和厚度。冰山观测项目有位置、大小、形状及漂流方向和速度。海冰的辅助观测项

海洋水文

目还有海面能见度、气温、风速、风向及天气现象。通过这些海冰观测记录的结果,分析人员就可以作出准确的分析预报了。

309. 什么是海冰监测系统?

实际上,海冰监测系统就是利用各种可能的手段对海冰的分布、类型、生成、发展以及消融等过程进行全天候的监测的综合系统。它的主要监测手段包括沿岸海洋站海冰观测、破冰船海冰观测、雷达测冰、飞机航空遥测,卫星遥感和各种规模的联合海冰试验。过去常采用的是目测与器测相结合,自20世纪60年代以来,开始采用卫星海冰观测和航空遥测。卫星海冰观测是通过可见光照相、微波辐射计、多孔径雷达、红外辐射仪等一起对出现在海面上的海冰的厚度、密集度、冰类型等进行遥测。航空遥测海冰的优点是不受云的影响,分辨率高,所获资料丰富;不足的是飞行频率较低,天气恶劣的情况下不能飞行。而卫星遥感测冰的优点是监测时间长,可同时进行大面积的监测。在中国首次北极科学考察中就采用了卫星红外合成孔径雷达遥感监测手段,配以飞机和现场冰雷达、冰钻进行综合海冰观测调查。

310. 海冰的冰期是怎样规定的?

海冰的结冰期是不同的,有的结冰时间长,有的结冰时间短。海冰冰期的长短与气温和其他因素都有关系,因此,冰期是在变化的。那么,什么叫冰期呢?冰期就是指冰可以维持的时间,自出现海冰之日起至冰消失之日止的这一时段。最早出现海冰的日期叫初冰日,而终冰

海冰冰期示意图

日是指冰最后消失之日,在一个冰期内结冰日只能有一个。如果气候变暖,冰化了一段时期后又出现结冰,则终冰日以最后终了的日期为准。我国海区的终冰日一般在2月下旬至3月上旬之间。冰期是用初冰日起至终冰日止的一个时段的天数来表示的。这与实际有冰的天数不一样,也不能表达实际有冰的程度,但是它能说明气候冷暖和变化特征。冰期与海冰的生成、发展、持续时间、分布及其活动变化规律有关。海冰本身各要素还随着有关的水文、气象、地形等因素而发生各种变化呢。

311. 为什么要进行海浪观测?

海浪是重要的水文要素,海浪观测的主要对象是风浪和涌浪。风浪是由当地风引起的,并且直到观测时仍处于风力作用下的海面波浪;而涌浪则是风浪离开风的作用区域后,在风力甚小或无风水域中依靠惯性维持的波浪。风浪和涌浪包含有巨大的能量,它能使船舶摇摆颠簸、船速减小、航向偏移,甚至会造成沉船事故,对航海、捕捞和其他海上作业危害性很大;风浪和涌浪的冲击力对海岸防护、港口码头、防波堤等都有很大的破坏作用;风浪和涌浪对泥沙有搬运作用,甚至能使海港淤积、航道变浅、影响船只进出港口。据记载,在一次大风暴中,巨浪曾把1370吨重的混凝土推动了10多米,激起60米~70米的水柱,甚至把万吨级的油轮冲上岸来,折成两段。然而,海浪也有可利用的一面:海浪会促进海水上下层的混合,使混合后的水层中富有氧气,可以满足海水中鱼类和其他动植物的生长需要;海浪的巨大能量又可以进行波浪发电,为人类提供巨大能源。由此可见,观测海浪具有非常重要的意义。

312. 怎样进行海浪观测?

实际上,海浪观测是比较复杂的,它既需要在岸边台站上进行,又要在海上(或船上)实施观测。岸边台站的海浪观测是为了取得沿岸地带(包括港湾)较有代表性的海浪资料。为此,选择的观测地点应面向开阔海面,避免岛屿、暗礁和沙洲等障碍物的影响。海中的观测通常是通过海洋浮标来获取资料数据。安放浮标时要选择适当的水深,其水深应不小于该海区常见浪的波长的一半,而且海底应尽量平坦,并应避开潮流过急地区。海上(或船上)的海浪观测所获得的离岸较远的开阔海域的海浪资料,可广泛用于理论研究、风浪预报、船舶航行及渔业捕捞等。

而海浪观测的主要内容是风浪和涌浪的波面时空分布及其外貌特征。观测项目包括海面状况、波型、波向、周期和波高,并可以利用上述观测数据计算波长、波速、波高和波级。海浪观测还分目测和仪测两种。目测时要求观测员具有正确估计波浪尺寸和判断海浪外貌特征的能力;而仪测则同时测得波高、波向和周期等。

313. 用什么仪器观测海浪的变化?

观测海浪常用的仪器有光学式测波仪及声学式测波仪。光学式测波仪是海浪观测的主要仪器之一,它主要测定波浪的波高、周期、波向和波长,并且还可以测量海面上物体的距离、浮冰的速度及方向。这种测波仪严格地说仍属目测的范畴,它的观测结果受到观测者主观作用的影响。我国常用的光学式测波仪有国产HAB-1型和HAB-2型。HAB-2型测波仪主要由望远镜瞄准、俯仰微调、方位指示、调平等机构组成。光学式测波仪可测波浪的波高、周期、波向、波长、波速,另外还可以测量距离、水流和浮冰的速度与方向。利用此仪器还可以测量出冰山的大小尺寸和冰山的实际高度呢。声学式测波仪是利用超声波在海水中的传播特性及其在不同海水的界面上的反射特

海上浮标

海洋水文

性来连续不断地测量超声波发射器到海面的距离,并根据海面随时间变化的情况来计算波高、周期等波浪要素的。根据超声波发射的方式不同,还分为水下声学式和水上声学式测波仪两种。水上声学式测波仪是将超声波发射器安装在海上平台上,发射器从平台上向海面垂直发射超声波脉冲,并接收从海面反射回来的讯号,经电子线路输送到记录系统上。由于水上声学测波仪的发射器位置难以固定(它随平台的振动而变动),测量准确度较差。而声学水下测波仪的发射器设置在海底,既没有被大风浪卷走的危险,而且仪器的水下部分也都是一些简单的坚固构件,只要密封良好,一般不易损坏,因此可以长期工作。但是,它的缺点是对小周期波形观测不好,水深超过一定范围时误差也很大;在风浪影响产生泡沫的情况下,还会出现气泡对声波的反射而造成错误指示。

314. 验潮站是怎样工作的?

生活在海边的人都知道潮水每天都要涨落。但是,潮水的涨、落潮差数据是怎样知道的呢?聪明的人们就是通过验潮站来获取潮汐的宝贵资料。我国几十年的潮汐资料,都是经过验潮站得到的。在验潮站中,自动验潮仪是主要的仪器。自动验潮仪的主要部件是一个浮体,它在与海底连通着的专用验潮井中上下浮动。由于验潮井能排除海水水平运动的影响,并且其入口大小适当,从而大大减少了风浪引起的一些水位急剧变化的影响。浮体通过与之相连的绳索的垂直运动而带动蜗杆传动装置,这个装置与定时以恒等速度拖动纸带的记录笔相连。

由于记录笔和图表纸带的协同运动,记录笔就在纸带上绘出水位上升和下降的连续曲线。科技人员就是通过这些连续曲线进行数据处理来准确掌握潮汐变化和海流状况的。

315. 为什么要进行潮位观测?

在讨论潮位观测之前,同学们可能要问这样一个问题:什么是潮位? 实际上潮位就是指海洋水面的高度。潮位变化除了包括在天体引潮力作用下发生的周期性的垂直涨落外,还包括风、气压、大陆径流等因素所引起的水面高度非周期性变化。进行潮位观测,也就是把每天的潮涨、潮落的真实情况准确记录下来。人们之所以要观测和研究潮汐的变化规律,也就是要达到很好地利用海洋的目的,因为沿岸潮位变化直接关系到船舶的进出港口、海洋和海岸工程设计、海军的水雷布设深度、风暴潮和潮汐预报、海涂围垦、潮汐发电等诸多方面。潮位观测还对准确确定平均海平面和深度基准面、潮汐表制作、风暴潮预报、海上作战指挥、海底电缆的铺设、地震预报等具有非常重要的实用意义呢。

316. 潮位变化有什么规律?

潮汐的涨落现象是以一定的时间周而复始地出现的。在一天中,海面上涨到最高的位置称为高潮,海面下落到最低位置称为低潮;从低潮到高潮这段时间内,海面的上涨过程称为涨潮。海水的上涨一直到高潮时刻为止,这时海面在一个短时间内处于不涨不落的平衡状态,称为平潮。平潮的中间时刻取为高潮时,把平潮状态时的海面水位作为高潮水位。从高潮到低潮这段时间内海面的下落过程就叫落潮。当海面下落到最低位置时,海面也有一个短暂的时间处于平衡状态,叫停潮。从测站基面到自由水面的垂直距离称为潮高。各个海区的潮汐规律并不是一样的,有的地方一日有两次高潮和两次低潮,有的地方一日有一次高潮和一次低潮,还有的地方一日两次出现的潮高不等,这些变化规律与地球、月球的运动有着密切的关系。同学们,潮汐变化有着许多深刻的道理,要全面弄懂这些道理就需要专门的学习和研究了。

317. 为什么要进行海流观测?

说起海水的运动,它实际上是由乱流、波动、周期特性潮流与稳定的"常流"综合作用的结果。这些流动具有不同尺度、速度与周期,并且随风、季节和年份而变;它的强度一般由海表面向深层逐渐递减。我们这里谈到的海流观测主要是指海水运动空间尺度大于5000米,周期超过12小时的运动,其中包括潮流和常流两个部分。进行海流观测主要是为了掌握海水流动的规律,因为海水流动的规律可以直接为国防、生产、海运交通、渔业、建港等服

海上调查

务。海流与渔业的关系很密切,在寒流和暖流交汇的地方往往形成良好的渔场;在建港中要计算海流对泥沙的搬运,在海上交通航运中要考虑是否顺流的问题。另外,了解海水的运动规律,对海洋科学及其他领域研究都有密切的关系。例如,水团的形成、海水内部及海气界面之间热量的交换等均与海流研究有关。

318. 如何进行海流观测?

海流观测主要是观测海水的流向和流速。流向是指海水流去的方向,流速则是指海水在单位时间内流动的距离。海流观测实际上是在海水中不同的层次上进行,因为海水流动在每个层次上是不一样的。海流观测的层次一般参照温度观测的层次,或根据需要选定。但海流

观测的表层,是指0米~3米以内的水层。海流连续观测的时间长度不少于25小时,至少每小时观测一次。在专门的预报潮流的观测站,一般不少于3次符合良好天文条件

观测仪器

的连续观测。因为海流与气象要素有关,因此,在测量海流的同时,还要进行风速、风向等气象要素的观测,以便对海流变化提供客观的分析条件。海流观测是对海区流速和流向观测的过程,测流时间和水层的选择都根据测

流目的和要求而定。例如,为获取最大流速及其流向等资料,测流时间应在潮差最大的日期,流速和流向同时观测,用海流计测定。在测流仪器的选择上,表层流的流速和流向可用双联筒观测;为避免船体对观测浅水层流的影响,可用非磁性材料(如塑料)制作的浮标装置,把自记式测流仪器悬挂在锚碇浮标上以测得多层的流速和流向。

随着科学技术和海洋科学本身的不断发展,观测海流的方式也在不断地改善和提高。按目前所采用的方式和手段,观测海流的方法大体划分为随流运动进行观测和定点观测两种。

319. 海流观测应用哪些仪器?

虽然海流观测主要是流向和流速观测,它实际上并不是一件容易的事情,而是水文观测中最重要而又最困难的观测项目。这主要是因为海流的规律性不强,要想把海流测得很准确并不容易。为了适应在恶劣的海洋条件下也能准确、方便地观测海流,科学家们研制出了许多各具特色的海流观测仪器,主要为机械旋桨式海流计,它包括:厄克曼海流计、印刷型海流计、照相型海流计、磁录式海流计、遥测海流计、直读式海流计、电磁海流计、声学多普勒海流

观测仪器投放

计;其他测流仪还有光学式海流计、电阻式海流计、遮阻涡流海流计。经过实际调查统计,各国在海洋调查中应用最广泛的是安德拉海流计和直读式海流计。而声学多普勒海流计是目前测定海水弱流的唯一仪器,该仪器已日益广泛地应用于大型海洋调查。电阻式海流计和遮阻式海流计是近几年国内外正在研究的新型仪器,尚处于探索阶段。海流仪器的发展趋势将是发展长期自记仪和深层测量仪。

320. 声学多普勒海流剖面仪的特点如何?

声学多普勒海流剖面仪,简称ADCP,它是目前观测多层海流剖面的最有效的仪器。它的特点是准确度高、分辨率高、操作方便。自20世纪70年代末以来,ADCP的观测技术迅速发展,国际上出现了多种类型的ADCP。在目前国际上的大型海洋研究项目中,海流观测大多都

现代海洋调查船

使用ADCP。ADCP还被国际海委会正式列为几种新型的先进海洋观测仪器之一。ADCP测流的原理就是将一束超声波能量射入非均匀液体介质(海水)时,液体中的

海洋水文

不均匀体会把部分能量散射回接收器,并产生多普勒频移,根据反射声波信号的频率与发射频率的不同即可测定散射体的相对运动速度。

ADCP 能同时测到不同深度的流,这给海洋研究提供了宝贵的资料。它的这些优势是其他海洋仪器不能比拟的。

321. 厄克曼海流计是怎样诞生的?

厄克曼海流计是瑞典海洋学家厄克曼在 1905 年首先设计制造的,自诞生到现在已有近 100 年历史。在海洋调查中,厄克曼海流计发挥了重要的作用。它主要是由轭架、旋桨、离合器、计数器、流向盒及尾舵等部件构成的。在实际使用时,只要使重锤自动下滑,在重锤的作用下,离合器使计数器的齿轮和旋桨轴的蜗杆接触或分离,海流计便开始工作了。目前厄克曼海流计正在向电子化方向发展,仪器的测量深度已不受限制。但是,它不能测低流速,因为旋桨启动速度一般为 3 厘米/秒,而测量准确度一般为流速±5 厘米/秒,测低流速时会产生较大误差。

322. 为什么要进行近底层海流的观测?

海流观测是一种分很多层次的观测,其中近底层的观测也是十分必要的。那么,为什么不进行底层观测,而要进行近底层观测呢?这是因为进行海流底层观测时,仪器不能直接靠近底层,只能用近底层的数据进行海洋研究。我们说的近底层海流,实际上是指离海底 2 米高度内的海水运动,其中包括潮流和常流。之所以说测定海底的海水流动非常必要,是因为从研究海洋湍流角度来说,海底是流体的固体边界,由于海底底质各异(有泥、砂、砾石或三种混合的海底),底形起伏不定,这一层次中的海流结构也就有所不同。要了解此层的流速状况,就必须先进行近底层流流速、流向的观测。再如,在研究近岸泥沙运动力学的问题中,更需要知道近底层的流速和流向,知道大风天气近底层流的变化情况,因为海底的泥沙运动与海底处的启动流速有关。而在没有波浪的条件下,海底泥沙运动量的多少又与近底层流有密切的关系。

323. 大洋和浅海的观测要求有什么不同?

在海洋观测中,大洋和浅海的观测要求有所不同。对于大洋,因为它的温度分布均匀、变化缓慢,观测准确度要求就比较高,一般温度要精确到±0.02℃这个国际统一标准。但对用遥感手段观测上层海水跃层海温情况时,可适当放宽要求。而在浅海,因为海洋的水文要素随时间和环境变化剧烈,有时变化速率比大洋的要大上百倍乃至千倍,所以水温观测的准确度也可以放宽。对于一般水文要素分布变化剧烈的海区,水温观测准确度为±0.1℃即可。而对于那些有特殊要求的,如水团界面和跃层的微细结构调查,以及海洋与大气小尺度能量交换的研究等,就要根据各自的要求确定水温观测的准确度了。例如,一级准确度是±0.02℃;二级

浮标观测

准确度为±0.05℃;三级准确度就是±0.2℃了。

324. 水温观测的时次与标准层次是如何规定的?

科学家在对海洋水温观测时还分表层水温观测和表层以下水温观测。对表层以下各层的水温观测,我国现在又规定了标准观测层次。其中,表层就是指海表面以下1米以内水层。而底层又分为:水深不足50米时,底层为离海底2米的水层;水深在50米～100米范围内时,底层离海底的距离为5米;水深在100米～200米范围内时,底层离海底的距离为10米;水深超过200米时,底层离海底的距离就要根据水深测量误差、海浪状况、船只漂移等情况和海底地形特征综合考虑了。在保证仪器不触到底面的原则下尽量靠近海底,通常不小于25米。

在观测时间间隔上,沿岸台站和海上船舶观测也有区别。沿岸台站只观测表面水温,每天要定时观测4次,而海上观测就要分表层和表层以下各层的水温观测。观测时间要求为:大面或断面站,船舶到站就观测一次;连续站是每两小时观测一次。

325. 我国在海洋观测中常用哪些测温计?

在海洋观测中,我国常用的测温计有液体温度计、机械式温度计和电子温度计。液体温度计的典型代表是表面温度计和颠倒温度计。颠倒温度计自1876年由英国涅格罗齐和赞布拉发明以来,至今已有100多年的历史了。由于其观察准确度高、使用方便、性能比较稳定,到目前为止仍然是深层水温观测的基本标准仪器。颠倒温度计只能用在调查船上,在停船时使用,而且只能测定单层温度。机械式温度计的代表首推 1937 年发明的深度温度计。这种温度计是一种记录温度随深度变化的仪器,可用于自动记录水深 200 米以内的水温变化情况;这种仪器还附有带坐标网格的放大镜,可以用它来直接读取温度计上所记录的各深度层的水温数值。除此以外,还有电子温度计家族,它们有热电式温度计、电阻式温度计、电子式温度计和晶体振荡式温度计等。

326. 什么是颠倒温度计?

颠倒温度计在"挑战者"号环球航行调查(1872—1876 年)的后期就已经开始使用了。到 20 世纪七八十年代,几乎每个参加过海上调查的人都知道,颠倒温度计是调查队员最常用也是必须会使用的海上水温测量仪器。

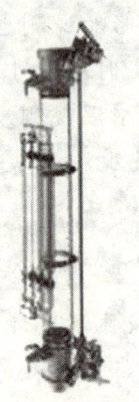

颠倒温度计

颠倒温度计使用时是把装在颠倒采水器上的颠倒温度计沉放到预定的各水层中,在一次观测中,就可同时取得多水层的温度值。颠倒温度计在观测深水层水温时,温度计需要颠倒过来,此时表示现场水温的水银柱与原来的水银柱分离。若用一般温度计观测深层水温时,当温度计从海水中取上来后,温度值就会随环境变化而发生变化,结果观测到的水温不是原定水层的水温。而颠倒温度计从海水中取出时,它可以保持实测深层水温长时间不变,从而显示出了独特优势。

327. 遥感测温为什么受重视？

同学们已经知道，在海洋测试工作中很多仪器都可测定温度，那为什么遥感测温却备受青睐呢？

原来，遥感测温有许多有利因素。通过液体测温仪器和CTD系统测温都是直接与海水接触感温的。这就需要有船只或其他用具到现场去实施测量。因此，这就要受到天气和经济能力等各种因素制约，特别遗憾的还是这种现场测量不能同时进行多点的同步

海上观测平台

观测。于是，在分析温度大面分布特征时，会产生不可避免的误差，甚至得出与实际完全不同的结论。然而，用飞机或卫星遥感测温可以迅速同步地获得大面积温度信息，这些信息误差小，使用方便。这就是为什么遥感测温受到重视的最主要原因。

328. 为什么要进行透明度、水色、海发光的观测？

海洋观测中海水的透明度、水色、海发光是重要的观测要素。透明度表示海水透明的程度（即光在海水中的衰减程度）。水色是表示海水的颜色。海发光是指夜晚海面生物发光的现象。

同海流、海浪、潮汐观测一样，透明度、水色、海发光的观测，对保证交通运输的安全、海上作战、水产养殖业

等也都有着重要作用。例如,航海识别浅滩时一般是利用白浪作标志,但是当无风天气不出现白浪现象时,便可以依靠水色来判别浅滩的存在,这是因为浅滩处水色显绿色,甚至还带黄色。航行中如果发现水色忽然降低,这便是接近大陆的预兆。若海水的透明度高,使人们有可能避开礁石或危险障碍。海军在活动中也必须估计到水色、透明度等光学性质对于战役的影响。水色对于水下潜艇和水中武器(如水雷)确定外表的颜色有很大的关系,选择适当的颜色,还可以更好地进行掩护和伪装呢。

329. 掌握水色、海发光及透明度有什么意义?

在航行时,了解海发光情况可以使人们在黑夜航行时及时发现各种目标,如导标、岸线、岩石、暗礁等。另外,由于舰船走过的海面在相当长的时间内会留下一道闪光的航迹,人们便可以利用这种航迹来搜索它。

海发光现象有时也会迷惑那些缺少海上生活经验的人员,他们会把这种闪光误认为是来自船上的信号。在第二次世界大战时,一只船正在太平洋外海航行时,信号员报告说:海面发现闪光,敌艇主力已经靠近。实际上这只是虚惊一场。在海上迅速活动的一些动物如鲨鱼、海豚等,在夜间的发光都很有可能产生有潜水艇或鱼雷运行的误会。

研究水色和透明度也有助于识别洋流的分布。大洋洋流都有与其周围海水不同的水色和透明度。例如,墨西哥湾流在大西洋中就像一条天蓝色的带子;而黑潮,即因为它的水色蓝黑而得名;美洲达维斯海流呈青色,故又称青流。

研究透明度和水色对于渔业和盐业也有一定的意义。例如,鲍鱼、海参养殖时要求海水透明度高,但养蚶、蛏、蚝则要求透明度低。晒盐时可以根据水色的高低来开闭闸门以增加盐的产量。

330. 谁最早发明了观测海水透明度的方法?

如果告诉你,只要拿出一个白色的圆盘就能观测海水的透明度程度,你相信吗?实际上,最早测定海水透明度就是从盘子开始的。这种方法最早是由利布瑙发明的,由意大利神父塞克在地中海首先使用,以后就传播开了。后人习惯地称它为"塞克透明度盘"。透明度盘是一种直径为30厘米的白色圆板,把它在船上背阳一侧垂直放入水中,直到刚刚看不见为止,透明度板"消失"的深度就叫透明度。这一深度,是白色透明板的反射、散射和透明度板以上水柱及周围海水的散射光相平衡时的结果。所以,用透明度板观测而得到的透明度是相对透明度。

应用白色圆板测量透明度虽然简便、直观,但它的不完善之处在于,它受海面反射光的影响,同时与观测人眼睛的视力程度有关系。因此,测量的结果缺乏客观的代表性。还有,透明度盘只能测到垂直方向上的透明度,不能测出水平方向上的透明度,所以,近代国际上多采用先进的仪器来观测光能量在水中的衰减,以确定海水透明程度。

331. 怎样利用透明度盘进行观测?

观测时首先需准备好器材——透明度盘。透明度盘里有一个漆成白色的木质或金属圆盘,直径30厘米,盘下悬挂有约5千克铅锤,盘上系有绳索,绳索上标有以分米为单位的长度记号,绳索长度可根据海区透明度值大小而定,一般可取30米～50米。观测时,在船体的背阳光处将透明度盘放入水中,沉到刚好看不见的深度,然后再慢慢地提到隐约可见时,读取绳索在水面的标记数值,精确到小数点以后第一位。重复2次～3次,取其平均值,即为观测得到的透明度值。若海水与绳索的倾角超过10度,还要进行深度订正。透明度的观测只能在白天进行,观测时必须避免船上排出的污水的影响。

332. 水色的观测方法最早是由谁发明的？

由于水色强弱数据无论对军事和民用都有十分重要的意义,因此,在海洋调查中,水色观测是不可缺少的一项。水色观测是用水色标准液进行的,它是由瑞士湖沼学家福莱尔发明,于1885年在康斯坦茨湖和莱茵湖使用

中国海监船

后广为传播的。水色是根据水色计目测确定的。水色计是由蓝色、黄色、褐色三种溶液按一定比例配制出21种不同标准色级,分别密封在22支无色玻璃管内,置于敷

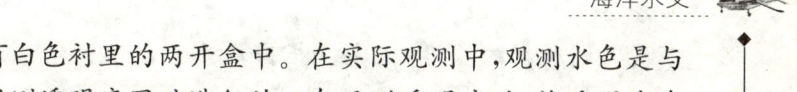

有白色衬里的两开盒中。在实际观测中,观测水色是与观测透明度同时进行的。在观测透明度时,将透明度盘提到透明度值一半的位置,根据透明度盘上所呈现的海水颜色,在水色计中找出与之最相似的标准色级号码,即可确定色度。水色的观测只能在白天进行,观测地点应选择在背阳的地方,观测时也必须避免船上排出的污水的影响。

333. 为什么要进行盐度测量?

在海洋观测中,盐度测量是十分重要的测量项目。这是因为海水中含量最多的化学物质有11种:钠、镁、钙、钾、锶等5种阳离子;氯、硫酸根、碳酸氢根(包括碳酸根)、溴和氟等5种阴离子和硼酸分子。其中,排在前三位的是钠、氯和镁。为了表示海水中化学物质的多寡,通常就是用海水盐度的大小来表示。海水的盐度是海水含盐量的定量量度,是海水最重要的物理特性之一。它与沿岸径流量、降水及海面蒸发密切相关。盐度的分布变化也是影响和制约其他水文、化学、生物等要素分布和变化的重要因素,所以海水盐度的测量是海洋观测的重要内容。

334. 什么是内波声学观测?

内波声学观测就是通过使用一种声学仪器来观测海水的温度、密度和流速等物理量在空间的分布和随时间变化后获取的实际资料,并能从中分析出海洋内部波动。到20世纪70年代,人们已经发现海水不同水层的温度和密度本身对高频声呐信号具有反射作用,即使不存在浮游生物,也仍可以用声呐观测出各等温面或等密度面不同时间所在的深度,从中分析出内波运动及细结构状况。这样,人们就采用安装在船上的高频(例如5千赫～25千赫)声呐,在航行时不断发射声信号并接收从不同等温面(或等密度面)处反射回来的信号,再配合其他仪器的少量实地直接观测资料,就可以分析出沿航线的内波波高、波长等信息了。现在海洋观测中使用的声学多普勒流速剖面仪可以直接测得沿航线浅于350米的上层海洋流速短剖面数据序列,将它与温度和密度剖面资料相结合,为内波研究提供了有效手段。

335. 什么是内波卫星观测?

实际上,内波卫星观测是一种用卫星照片分析海水浅跃层处存在的内波状况的观测技术。那么,它是用一种什么方法测定海水内波的呢? 原来,海水中只要有内波存在就会产生波流,这种波流的正向或反向反映在水面上就会有辐聚带和辐散带。当表面存在短波长涟漪时,这些涟漪在辐聚带内波长减小,水面就显得较粗糙;而在辐散带内波长增大,水面就变得较光滑。光滑的水面色亮,粗糙表面色暗。如当海水表面有油污或细碎漂浮杂物时,它们会积聚在辐聚带,使辐聚带呈暗色,其他区域较光亮,于是海面上呈现出或明或暗的条纹图案。内波的这些特点都可以从卫星传送来的可见光照片和合成孔径雷达图像中发现。这种照片就可用来分析浅跃层处的内波了。早期的分析工作仅能大略地给出波动所在位置、波的传播方向、两波峰间的水平距离等少量信息。而现在,由于分析测试技术水平的提高,已经可以根据图形估算出波包的移行速度和波高等项参数了。如果将卫星图片与其他手段进行的同步调查资料一起作综合分析,还可以得出更有价值的分析结果呢。

336. 海洋遥感观测有什么重要意义?

海洋遥感是现代科技的监测手段,海洋遥感的出现与发展,大大促进了海洋科学的发展速度。我们生存的这个地球是一个旋转着的椭圆球体,它的表面是由起伏不平的陆地和一望无际的海洋组成的。海洋每天都在变化,每天都会产生无数的信息。20世纪60年代以前,人们感知这些信息的主要手段就是船只走航调查。由于这种调查方式所获得的资料是非连续的、非同时性的,因此这些时过境迁的资料很难反映海洋的真实情况。自从20世纪60年代初美国的"泰罗斯1"号气象卫星投入使用,并取得了若干海洋学信息后,随即在全球兴起了从太空研究海洋的热

卫星观测

潮,人类实现了能在瞬间看到几百千米的洋面上的壮观场面,并能充分而快速地分析水文、生物、化学等要素的变化。遥感技术与海洋学的结合给海洋研究开辟了一条新途径。现实证明,海洋遥感这一手段具有广泛的用途和强大的生命力。因为它使海洋调查观测手段和方式发生了革命性的变化,有可能实现大范围、长期、反复的海洋监测,使海洋科学步入了今天的"空间海洋学"时代。

海洋学界对此评价很高,认为这是海洋科学由"气候式时代"向"天气式时代"转变的开始,对海洋科学的发展必将产生深远的影响。

337. 海洋遥感是怎样获取信息的?

海洋遥感技术的优势就是可以同步、大范围地获取海洋信息,最简单的遥感方法就是照相法。它是把目标的可见光图像记录到一个底板或胶卷上,然后冲印出实测景观的照片。遥感仪器观测就是依赖于辐射(光、热)或微波(电磁波)等,有选择地把研究区域的有用信息传递到观测仪器上。例如,当阳光入射到海面上时,有一部分光被反射,其余部分光进入海水,从飞机或卫星上看去,平静的水面将产生一种很强的太阳反射,也称为镜面反射,当海面有波浪出现时就会破坏这种镜面反射,代之以舞动着的光闪耀,也称为太阳闪耀,由此就可以获得有关波浪的信息了。

遥感观测

338. 你知道什么是海洋调查吗?

人们要开发利用海洋,就必须了解海洋的秘密,海洋调查实际就是探索海洋秘密的第一手段。

海洋调查是用各种仪器设备直接或间接地对海洋的物理学、化学、生物学、地质学、地貌学、气象学及其他海

海洋水文

洋状况进行研究的手段。通常的海洋调查一般是在选定的海区、测线和测点上布设站点,再使用适当的仪器设备,获取海洋环境的各种要素资料,从而揭示并阐明那里的时、空分布和变化规律,为海洋科学研究、海洋资源开发、海洋工程建设、航海安全保证、海洋环境保护、海洋灾害预防提供基础资料和科学的依据。海洋调查一般还分为综合调查和专业性海洋调查两大类。

339. 现代的海洋调查系统是什么?

如果站在现在的角度讨论海洋调查系统,那可不是传统的调查船、走行、设站、布点等内容了。若把海洋调查工作考虑为一个完整的系统,则该系统至少应包含如下五个主要方面:被测对象、传感器、平台、施测方法和数据信息处理。其中,被测对象实际是系统的工作对象,传感器和平台是系统的"硬件",而施测方法和数据信息处理技术则是一定意义上的"软件"了。被测对象是指各种海洋学过程以及决定于它们的各种特征的量。传感器是能获取

调查船

各海洋数据信息的仪器和装置。平台是观测仪器的载体和支撑物,也是海洋调查工作的基础。施测方法是指对于一定的被测对象,以所掌握的传感器和平台,来选定合

理的实施测定的方式。数据信息处理则是面对大量的海洋数据和信息的数量,如何科学地处理这些数据和信息。现在,这已成为一个重要课题。良好的数据信息处理技术可以补偿观测手段的不足或者向新的观测手段提出更高的要求。

340. 怎样在海上进行调查?

海洋如此之大,科学家们是怎样对它进行调查的呢?当然,首先这种海上调查不是盲目、随意进行的,而是要按照预先设定的海区、项目、目的和调查线路有规则地进行。科学家们首先在被调查的海区图上,根据调查的项目内容要求设计出许多网络,这些网络就称为调查断面。然后,还要在断面上根据观测准确程度需要布设相应的站点。在海区调查时,调查船只是沿着断面行走的,每到一个站点处船就要停下来,在规定的时间内测量所需数据。那么,海上的这些断面和站点是怎么来的呢?这些断面和站点的设置可是科学家们根据许多资料总结出来的。这些断面和站点首先要具有代表性,也就是说,通过测量它们可获得周围水域的客观的水文、气象、生物、化学等资料,科学家们根据实际情况不断对断面进行调整,一直调整到该断面和站点最能反映该海区的实况为止。

341. 海洋调查的主要任务是什么?

海洋调查是研究海洋现状的最基本的工作。如果没有这一项工作,人类怎样才能认识海洋、征服海洋和利用海洋,海洋中的各种奥秘又怎么能解开呢?海洋调查就是对海洋物理过程、化学过程、生物过程等及海洋诸要素间的相互作用所反映的现象进行测定,并研究其测定方法。海洋调查的主要任务是观测海洋要素及与之有关的气象要素,编制观测报表、整理分析观测资料,绘制各类海洋要素图,查清所观测的海域中各种要素的分布状况和变化规律,并根据不同需要,为相关的机构或部门提供科学的理论分析和调查结论。

342. 海上调查每天都要进行吗?

海上调查和岸站观测不同。岸站观测需要每天进行,它的资料是一年 365 天,天天有记录,而海上调查却不是这样。海上调查有其独特性,因海上调查成本大,危险大,常规海上调查一般选在有代表性的月份,每个季度选一个代表月,每次调查均在该月进行,这样调查的资料才能做序列分析。我国进行的海上调查一般规定 2 月、5 月、8 月、11 月为调查代表月。若每年调查两次,则一般选在 2 月及 8 月。我国也曾经进行过每年 12 次的调查,也就是每月都进行调查。而专业性调查则是选择特定的海区,在特定的时间内实施调查。

343. 中国何时进行了第一次多学科海洋调查?

进行海洋调查可不是一件容易的事,除了要有科学家之外,还要有调查船及调查仪器。海洋科学调查可不同于一般的陆地考察。陆地考察几十个人也行,三五人组队也可,他们或是驱车前往或是徒步行走。而海洋调查除了必须有海洋科学家与配备齐全的调查仪器外,还必须有船只,有时甚至还要飞机一起配合呢。正因为如此,我国真正意义上的多学科海洋调查是在 20 世纪 30

年代才开始的。1935—1936年,国立北平研究院动物学研究所为适应当时中国海洋科学迅速发展的需要,与青岛市政府联合组织了一次以海洋动物为主的多学科海洋调查。这是我国进行的第一次多学科海洋调查。调查区域仅限于青岛胶州湾及邻近海域。

这次调查先后出动的船只有青岛港务局100吨的"赵村"号和"水星"号火轮船,并在青岛小港码头设立了临时实验室。

这次调查为期两年,每年4、5月间和9、10月间各进行一次,野外调查共计125天。调查区域北至崂山口,南至竹岔岛,东至大、小公岛海区,调查站位共460个。调查是以海洋动物为主,并有海洋物理、化学和地质等。理化方面的项目有:水深、水温、气温、pH值、透明度、底质等。调查使用的主要设备有测深器、采泥器、采水器、颠倒温度计、海水色泽计、海水透明计、浮游生物网、拖网等。这次调查采集了各种标本4000多号,拍摄照片21幅,绘制地图4幅、图13幅,编写出版了4期3册,共385页采集报告,并在此基础上发表中外文论文11篇、专著1部。

344. 中国何时进行了第一次渤海及北黄海西部多船同步观测?

中国的海洋调查工作主要是在新中国成立后才不断开展起来的。第一次渤海及北黄海西部多船同步观测是于1957—1958年由国家科委气象海洋组组织进行的。这是新中国成立后国家12年科学发展远景规划第七项任务中的第一个中心问题"中国海的综合调查及海洋图集的编绘"规定的第一个重点课题。这次同步观测由海军某部、中国科学院海洋生物研究所、水产部中央水产实验所和山东大学海洋系等4个单位共同承担。这次调查由律巍、曾呈奎、朱树屏组成领导小组;由赫崇本、毛汉礼、松文组成现场执行领导小组;由王振声任大队长,任允武、邱道立、陈上及等轮流出海担任船队总指挥与技术总指挥。这次调查开始了新中国海洋科学研究多船同步观测的新一页。

345. 我国是如何进行近海海洋水文标准断面调查的?

中国近海海洋水文标准断面调查是一项对中国近海水系、流场及温跃层分布与变异的长期监测工作。我国于1966年起开始了这项工作。这项工作由国家海洋局负责,具体工作由国家海洋局下属的3个分局即北海分

中国海洋大学的"东方红2"号海洋调查船

局、东海分局、南海分局进行。海区的范围是由黄海向东延伸到东经124度30分,东海向东伸至东经127度。调查时间分别是:1960—1981年,为每月进行一次;1982—1986年期间,改为双月进行一次;1987年后,改为每季(2、

5、8、11月)调查一次;20世纪90年代中期后又改为每年调查两次即冬季和夏季,一般在每年的2月、8月调查。也就是说,我国为了获取近海的海洋水文标准资料,从20世纪60年代至今就没有间断过海上的连续调查工作,为此,国家已经投入了巨资,并组织人力、财力,建立专门的机构、船队。仅从此一项,你是不是真正感觉到了海洋水文资料的重要性呢?

346. 你了解中国海洋调查简史吗?

我国的海洋调查技术,主要是新中国成立后才逐步发展起来的。20世纪60年代以前,我国海洋水文观测资料的来源,除了靠岸边寥寥可数的验潮站和水文气象台的观测资料以外,几乎完全是依靠"单船走航"方式来获得的。十几年前,美国有一位颇具盛名的海洋学家曾经说过这样的话,大意是:以单船走航方式来获得海洋水文资料,就好像用"流动气象站"来获取气象资料一样。气象学家们对"流动气象站"获取的大气资料,当然是不屑一顾的,但对于20世纪60年代以前的中国海洋学家们来说,却以能取得单船走航方式获取的观测资料为满足了。在20世纪60年代中后期,我国已经充分重视海洋科技事业的发展,并开始了多船联合调查时期。时至20世纪80年代,我国的海洋调查更趋多船同步,偏重于专项研究。目前,许多现代仪器的使用,更使海洋调查如虎添翼,进入了一个崭新的历史发展时期,如海洋浮标、海洋遥感、海洋卫星的使用已经可以获得比较全面和比较准确的海洋要素数据,为海洋科研工作助了一臂之力。

海洋水文

347. 世界历史上最负盛名的单船走航调查是在何时？

早期的海洋科学调查只能是单船走航式的调查，你可知道世界历史上最负盛名的单船走航调查是在什么时候进行的吗？它就是1831—1836年英国的"贝格尔"号船进行的环球探险。它历时5年，考察了大西洋、印度洋和太平洋。英国科学家、生物进化论创立者达尔文参加了此次考察。就是根据这次考察所得的资料，他解释了珊瑚礁的成因，提出了有关海底运动的论述；尤为重要的是，他于1859年出版了著名的《物种起源》，在国际生物学界奠定了"达尔文主义"的基础。

早期探险船

19世纪50年代后期，为铺设海底电缆，英国科学家开尔文又于1856—1860年进行了北大西洋海洋测深调查。到1866年6月，一条永久性的大西洋海底电缆终于铺设成功，为人类通信事业开创了新的前景。

348. 哪一次调查被誉为"近代海洋学的奠基性调查"？

1872—1876年，英国的"挑战者"号进行了一次环球科学考察。这次调查航程约12.4万千米，遍及了世界三大洋，在492个站位进行了水深测量，在362个站位进行了深海水文观测，采集了各种海洋动植物标本和海底底质样品，编写调查报告50卷。由于这次考察在世界海洋科学史上做了许多开创性的工作，具有十分重要的意义，所以被誉为"近代海洋学的奠基性调查"。

349. 世界上哪次调查资料被称为"海洋调查的代表性资料"?

在 1925—1927 年以及其后的 1937—1938 年,德国著名的"流星"号调查船从事的海洋调查工作,其规模一直为人们所称道。"流星"号调查船在 1925—1927 年间主要是在大西洋西部(北纬 20 度~南纬 65 度)进行了 14 个断面的水文观测;1937—1938 年在大西洋北部(北纬 20

调查船

度以北)进行了 7 个断面的补充观测,前后共做了 21 个断面、310 多个水文站位的观测。这次调查以物理海洋学为主,内容包括水文、气象、生物、地质等,而且以观测准确度高而著称。它调查所得的资料,一向被海洋学界认为是"海洋调查的代表性资料"。

350. 历史上哪一次调查被誉为"近代海洋综合调查的典型"?

海洋是世界的海洋,今天海洋科学技术的发展,也是由于世界各国海洋工作者共同努力的结果。在海洋科学发展历史上，瑞典"信天翁"号调查船对海洋科学的贡献也是非凡的。1947—1948年，瑞典"信天翁"号调查船重点对三大洋赤道无风带进行了深海调查和深海海底的底质采样，这次调查填补了"挑战者"号调查船当时无法在无风带区域进行观测的空白。因此，这次综合调查被誉为"近代海洋综合调查的典型"。

351. 单船走航调查时期的主要贡献是什么？

英国的"贝格尔"号、"挑战者"号，瑞典的"信天翁"号，它们也只是许许多多调查船中的几个代表。在20世纪50年代之前主要以海上单船走航调查为主。那么，那

早期海上调查船

个时代的海洋调查资料的主要贡献又是什么呢？应该说，正是因为有这些调查，才使海洋学家们发现了海水主要成分之间相对含量的恒定性，测量了氯度、盐度及密度的比值，测定了海水中各种元素含量；在海洋地质方面，人们对海底地貌、沉积物分布有了初步了解；在物理海洋

学方面,对潮汐、海浪、海流的研究多有建树,绘制出了世界大洋的海流图轮廓,并于20世纪50年代初,提出了与之相应的世界大洋环流(相当于大气中的大气环流)的基本理论——风生漂流理论,等等。

352. 你知道多船联合调查时期的几次著名调查吗?

自从20世纪60年代以来,国际联合海洋调查的数目就越来越多了。其中,最主要的有以下几次。1960—1964年的国际印度洋调查,它由联合国教科文组织发起,13个国家的36艘调查船参加(中国台湾学者朱祖佑参加),是迄今为止对印度洋的一次规模最大的海洋调查。1963—1965年的国际赤道大西洋合作调查,是近年来以多船同步和浮标阵结合进行观测的先声。这次调查的主要目的在于验证海流理论和海洋环流模式,它采用了多种现代化的调查仪器。1965年以后,这一调查计划分别被列入联合国世界气象组织和联合国政府间海洋学委员会的调查计划。1965—1970年的黑潮及其毗邻海区的合作调查,以日本为主,美国、苏联等国共有15艘调查船参加,其主要目标是探索海洋水文变化及其对日本南岸的影响。这次黑潮合作调查于1970年夏季完成。在它的第一阶段的计划完成以后,就转入以我国南海为重点的第二阶段调查,于1972年结束。

353. 多船联合调查时期取得了哪些成果?

20世纪60年代以后,国际海洋学界通过大规模的多船联合调查,海洋学家们又发现了大洋海流中两种极其重要的现象:一是在太平洋和大西洋赤道海流之下,发现

到处都存在的赤道潜流;二是在湾流中不但经常出现尺度相当大(几百千米)、寿命相当长(几个月)的弯曲,而且当它与主流分离后还形成流环,而在湾流区域的某些位置上,有时竟同时出现好几个涡旋,使人对湾流本身难以辨认。这些重要的发现,有助于海洋学家对此开展更广泛、深入的研究工作。

354. 20 世纪 80 年代后的海洋调查有什么特点?

20世纪80年代后,海上调查已经由多船联合调查逐步改为由卫星系统、飞机、调查船、地面探空站、锚系浮标和漂流浮标构成的一个立体观测系统了。同时,调查项目也由于仪器的更新而添增了新内容,如1999年7—9月的中国首次北极科学考察中,除了常规观测项目外,此次考察项目还包括走航的气象、SST和海表红外温度、ADCP测流,XBT,XCTD,紫外辐射,大气和海表二氧化碳观测;航路采样观测项目有海表盐度、叶绿素、生物生产力、大气气体组分和大气粉尘中孢粉、沉积矿物和气溶胶、海水表层低分子挥发性脂肪酸、石油烃等有机污染物等。这次调查通过走航的气象观测、海洋SST和海表红外温度观测发现了北极的冷源区域,通过走航的大气和海表二氧化碳观测发现了海洋是二氧化碳的源区海域。

随着科学技术的发展,将来的海洋调查还会越来越集高新技术为一体,成为海洋科技发展中一支不可缺少的有生力量。

355. 什么是"无人浮标站"?

"无人浮标站"的诞生是高新技术在海洋科学上应用

的一个典型事例。"无人浮标站"是一种经济的、准确的获取资料方式,并且可以在各种天气情况下,终年在海上获取连续资料。"无人浮标站"获取的资料比船只观测的资料准确得多,可用于各种海洋科学研究。现在的无人浮标观测站有固定式、自由漂浮式、水下自动升降式等多种,可以适应不同目的的需要。毫不夸张地说:"无人浮标站"是海洋观测的哨兵,是海洋科学家的情报员。

海上无人浮标站

356. 锚定浮标在近代海洋观测中发挥了什么作用?

海洋观测用的锚定浮标是从20世纪60年代才兴起的,自从美国陆续研制出了直径分别为10米、6米、3米的圆盘形锚定资料浮标和长为6米的船形NOMAD锚定资料浮标以来,这种技术已为海洋气象预报、灾害性飓风研究、大洋热能转换研究、大西洋遥感陆海实验以及热带海洋全球大气计划等获取了大量信息。从1980年起,美国的资料浮标又全部改用卫星定位和通讯,卫星通讯的可靠性已达98%。我国目前正在使用的四个大型锚定浮标分别布放在黄海、东海和南海。海上锚定浮标所采集的数据包括海面的气象要素(气温、气压、湿度、风速、风向等)和海面状态要素(表层的温度、盐度、营养盐、表层海流、海浪等)。有的浮标带有测温链,可以探测表层以下次表层等层次的温度、盐度等,有的资料浮标还带有向下的 ADCP,可以探测海流。由于锚定浮标能够提供全天候的资料,这对于海洋科学研究是至关重要的。

357. 漂流浮标与潜标是做什么用的?

漂流浮标是根据各种科学试验和海洋环境监测计划的需要在近些年发展起来的一种观测平台。它的体积小、造价低、使用方便、适用范围广,可从船上或飞机上直接向海面投放。漂流浮标重要的测量要素就是海流。漂流浮标壳体所采用的材料通常是玻璃纤维或含聚氨酯纤维的铝。漂流浮标的仪器舱一般由微处理机、稳压电源、传感器和 UHF 发射机等设备组成。潜标也是浮标中的

"曙光06"号海洋调查船

一种。潜标应用技术是指利用潜标系统作为观测平台的海洋观测技术,它包括系留技术、应答释放技术、定位和寻找技术、布放回收技术、防护技术等。从目前使用情况看,潜标系统主要用于对海流、水温、水下噪声、内波等项的长期定点连续监测。潜标系统是海洋浮标系统的一个分支,作为一种调整手段,在海洋环境调查监测中具有如

下特点:能够在海面以下几十米至几千米的剖面上对海洋环境进行长期连续的监测,具有全天候能力。由于该系统在海面几十米以下工作,因此它可以在公海及海况恶劣的海区、航道区、捕捞作业区以及浮冰区进行布放,基本上不受恶劣海况和人类海面活动的干扰。

358. 你了解取样技术吗?

在海洋测量中,很多物体是不能进行现场观测的。对于不能进行现场观测的部分只能用室内分析的方法进行测量。在海洋化学、海洋生物、海洋地质研究中,目前的主要观测方法是取样分析。水质取样技术包括各种用途的采水器的研制和相应的采水方法的应用。通常有一般采水器、溶解有机物采水器、痕量元素分析采水器、无菌采水器等,其中要求最高的是痕量元素分析采水器。海洋生物取样种类较多,包括浮游生物取样、底栖生物取样、微生物取样、附着物取样等。海底取样称为海洋底质取样技术。海底取样器基本上分两类,即采泥器和取样管。

"中国海监41"号

359. 海洋调查船的特点是什么?

海洋调查船与普通的客船和货船不同,它是从事海洋科学调查的专用船只,船上设有各类采样设备、标本和各种实验室等,具有良好的适航、操纵、快速和低速的性能,并有一定的续航力和自持力。海洋调查船按承担调查任务的不同可分为综合调查船、专业调查船和实习调查船等;按工作海区的不同还分为远洋调查船、深海调查船、浅海调查船、极地考查船和海岸测量艇等,种类繁多。

360."帕尔默"号极地考察船是什么样的?

极地考察船也有许多种类型,我国就有"极地"号和"雪龙"号两艘船。而美国建造了一艘专门适用于南极科研工作的破冰船,船名为"帕尔默"号。这是为了纪念19世纪美国从事南极研究的帕尔默而取名的。这艘破冰船长87米,宽18米,吃水6米,舷高7米,排水量5820吨,有6

"雪龙"号调查船

台总功率为11070马力的发动机。它能一年四季工作在南极水域,可以连续独立航行75昼夜,能在厚度为70厘米的冰层中以3海里/小时的速度破冰前进。它的全部船员为22人,科学工作者为37人。在它的甲板上还设置了直升机场和可停放两架直升机的机库,每架直升机可载4名乘客。船上还装备有科学实验室,其主要任务是研究冰层、研究冰层上大气层并估计这些大气复杂的物理化学作用,观察高纬度气象和高纬度地球物理以及进行海洋生物调查和海洋地质调查作业,等等。"帕尔默"号是美国第一艘专门用于科研目的的破冰船,于1992年1月下水。第一次考察工作在南极威德尔海西部展开,美苏(前苏联)联合小组的专家们首先在该地区漂流的浮冰上登陆,开展了对该处海水循环和大气现象的研究。"帕尔默"号船价值838亿美元,仅每年的使用费用就达1000万美元。

361. 海洋水深测量有什么意义?

人类要认识海洋,全面地了解海洋,首先要从它的外貌着手研究,然后再研究它的内在规律。水深测量就是研究其外貌的一种手段。从海洋的表面看,整个世界大洋是一望无际的"平面",而它下面的海底却到处是高低不平的隆起或凹地。其中,有面积广阔、地形平坦、坡度较小的"大平原",也有高深莫测的海沟和山峦起伏的海脊。要了解这些复杂多端的海底地貌的分布状况,就必须进行水深测量。水深测量的意义是非常重大的,不知道海

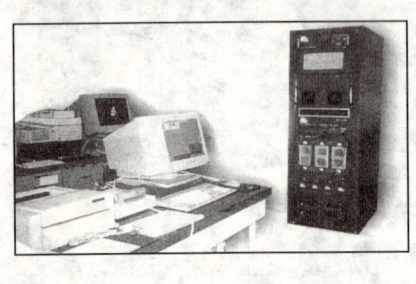

海洋仪器设备

洋的深度,就可能使海面航行的船只搁浅、触礁。另外,潜艇在海底活动时,还可以利用海底地形作屏障以避免被搜索,并使对方的讯号接收仪器收不到捕捉目标。所以说,

海洋水文

借助于水深测量来了解海底地形的分布状况,对国防和国民经济建设都具有很重要的意义。

362. 水深测量有什么技术要求?

海洋水深测量与陆地测量的测量方法截然不同,海洋水深测量不仅要掌握海洋的一般规律,而且在测量技术上有其特殊的要求。首先,水深测量对时间的要求是连续站每小时测一次,大面(或断面)调查在船到站后即测量。传统的深度测量要求准确度为 $\pm 2\%$,100米以浅记录取一位小数,超过100米记录取整数。现代的水深测量通常采用回声测深仪测量技术。这种方法使用方便,测量起来即快捷,又准确。

363. 海底测量使用哪些设备?

海底测深常用的方法有钢丝绳测深及回声测深仪测深。钢丝绳测深是一种调查船上使用的传统的测深方法,常用的测深设备有绞车和绳索计数器。绞车是供升降各种海洋仪器和采样工具以及水深测量用的,绳索计数器是用于计量放出或回收钢丝绳长度的仪器,由滑轮和滑轮轴组合的若干齿轮构成。而回声测深仪则是利用声波在海水中以一定的速度(平均声速1500米/秒)直线传播,并能由海底反射回来的特性制造的。目前,我国使用回声测深仪的海洋调查船只较为广泛,它不仅记录迅速,而且在停航和航行中均可进行测量,并能把连续测得的结果记录下来,使人们能得到整个航线上的深度、地形分布轮廓等情况。

364. 你了解海水移动探测海洋奥秘的仪器——ARGO 浮标吗？

ARGO 浮标是科学家用于海洋水体信息数据观测浮标的一种。这种浮标的工作原理是，当科学家利用船只或飞机将它们投放到海面上后，它们会自动下潜到水下 2000 米深处，然后随海流漂移，每隔 10 天会自动上浮一次，在上浮过程中通过安装在浮标上的电子传感器测量出海水的温度和盐度等各种海洋信息。在浮出水面后，再通过专门的定位和通讯卫星报告自身的编号和所在位置，连同测量的剖面数据发送给地面接收站。然后再沉到大洋深处，等待下一个剖面的观测。若把它们每次浮上海面的位置和时间记录下来，科学家们不仅可以方便地计算出海面上海水流动的速度和方向，而且也能够推算出 2000 米深处的洋流状态。它大部分时间都隐蔽在 2000 米的大洋深处，因而不容易受到损伤。

从 1998—2008 年年底，"国际 ARGO 计划"成员国在全球海洋上投放浮标的总量超过了 6000 个，获取的温度、盐度观测剖面累计达到了 50 万余条，而且年观测剖面量也

现代海上观测浮标

从2003年的3万多条增长至2008年的11万余条。

我国已于2002年正式加入"国际ARGO计划",成为"全球ARGO实时海洋观测网"的重要组成部分。

365. 我国的海洋浮标是什么时间投入使用的?

利用海洋浮标进行观测是现代海洋监测的标志性技术之一。如果在深水里放上浮标,浮标里的观测系统就会按时传递信息,把海上的物理变化传送到平台与台站的信息接收中心,实测起来既方便又准确。我国海洋数据资料浮标有大型和小型两种,从1978年9月陆续投入使用,时至今日,已经形成了全国浮标观测网。海上观测浮标由浮标体、测量传感器、数据处理系统、通信系统、锚泊系统和电源等部分。

366. 立体海洋环境观测主要由哪几种方式组成?

随着现代科技的发展和海洋观测中高新技术的应用,现代的海洋观测已从孤立、单一的海洋调查、台站观测逐步发展成为立体的海洋综合观测。而这种立体的海洋观测通常包括海洋站、船舶观测、海洋浮标观测、平台观测、飞机及卫星(遥感监测)几种方式。

目前,我国已经具备了实行海洋立体观测的能力,并已经获得了大量的完整、翔实的资料,在我国海洋科学研究、海洋资源开发、海洋工程建设、海

立体海洋环境观测方式

洋管理和环境保护中都发挥出了重要作用。

367. 为什么说海洋监测是海洋环境保护的基础？

海洋监测就是对海洋进行监察和探测。要保护蓝色的海洋，海洋监测是必不可少的。大家都知道，随着人类活动的增多，海洋污染也随之而加大，怎样才能防止和清除海洋污染呢？海洋监测就是发现污染、清除污染的重要手段。我国已经在三个海域，即北海、东海、南海建立了海洋环境监测中心。这三个海洋环境监测中心肩负着水质分析的监测任务，它们可以定期采样进行分析，及时发现和监视污染的演变情况。所以说，海洋监测是环境保护的基础性工作。

368. 你了解我国的海洋监测网吗？

随着科技的发展，当代海洋环境调查监测已初步形成一个由水面调查船、海洋平台、深潜器、海洋浮标系统、

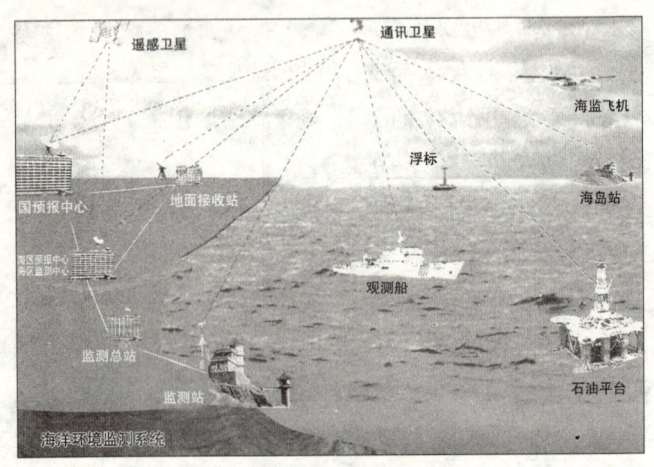

海洋环境监测网

海洋水文

高空气球、飞机和卫星组成的海洋立体监测网。在海洋上空有卫星、飞机、高空气球等组成的海洋遥测系统;在海空界面上有海洋调查船、水文气象浮标站、海洋专用平台,以及沿海的海洋气象观测站等海空界面水文气象观测系统;而在海面以下,有深潜器、各种类型的潜标系统,各种深海拖曳体等组成的水下监测系统,构成了立体的海洋监测网络。

369. 什么是多波束测深系统?

人类要开发海洋,首先要了解某个海区的水深和海底地形地貌的状况。多波束测深系统就是一种测量更精密、更准确的仪器。其主要特点是,它的发射换能器朝向与航线垂直的一个向下的扇面连续发射声脉冲。船上接收器把每个波束回波时间记录下来,计算机按所给的换算公式,很快就可以得出在那个波束接触海底处的水深数据。每一条船航线上多波束所覆盖的海底宽度的水深数据,都可以由电子计算机算出结果并用宽行打印机打在纸带上。利用多波束测深系统获得的数据还可以通过计算机自动地绘出测量海区范围内的等深线图,即海图。也就是说,使用多波束测深系统可以由计算机直接绘出海图来。

370. 什么是航空海洋遥感?

航空观测与航天观测是完全不同的。航空海洋遥感是利用飞机进行海上气象观测和海岸带摄影测量。从20世纪50年代开始,航空遥感技术就已经直接应用于海洋水文研究了。当时,美国海军水文局在一次系统的、大规模的湾流考察中,首次使用飞机和多艘调查船进行协同调查。这次考察促使美国海洋研究机构进一步制定了发展航空海洋学的计划。从那以后,世界海洋学界便出现了"航空海洋学"这个新概念,各国利用飞机从事海洋调查的研究者也日益增多,观测方法和仪器也不断得到改进。就海洋探测来说,飞机可以使用一些遥测仪器,也可以进行直接的海洋测量。航空海洋遥感有许多长处,例如,可以用空投AXBT测量海温垂直剖面,用专门的浮标装置直接测量海流和海浪,用投弃式声学浮标探测海水声学特性和进行水下声学监测等,机载气象传感器还可直接测量大气参数等,这些是卫星遥感技术目前做不到的。同时,飞机上的海洋遥感器受大气和环境因素影响小,测量结果比航天遥感器准确可靠,是卫星遥感器试验和确定地面标准所必不可少的。

航空观测

371. 卫星遥感对海洋学有什么贡献?

　　1957年,前苏联发射了第一颗人造地球卫星,敲开了人类进入太空的大门。以人造卫星和航天器为观测手段的航天海洋遥感是20世纪60年代以后发展起来的一门新技术。它源于航空海洋遥感,又高于航空海洋遥感,是海洋遥感中的后起之秀。一般遥感飞机的飞行高度在10千米左右,一张航空照片覆盖地面面积只有10平方千米

~30平方千米,探测一遍全球表面需要十几年时间;而地球资源卫星所覆盖的面积可达3.4万平方千米,每18天就可以覆盖全球一遍。由于遥感范围广、同步性强、资料提供及时,可以大大改善海洋预报和海洋资源勘察能力。今天,当我们从电视中收看天气预报时,可以看到我国上空整个卫星云图的移动情况和未来几天里的天气变化。这对航海、渔业、沿海工业布局、海洋资源利用、沿岸海洋工程起到了保护和促进作用。目前的航天海洋遥感主要是在气象卫星上结合进行的。所以说,卫星遥感问世,开创了卫星海洋学时代。

卫星观测

372. 什么是卫星遥感?

卫星遥感主要是利用卫星进行海洋观测。以人造卫星和航天器为观测手段的航天海洋遥感是20世纪60年代以后发展起来的一门新技术。它源于航空海洋遥感,又高于航空海洋遥感,是海洋遥感中的后起之秀。目前的航天海洋遥感主要是结合在气象卫星上进行的。气象卫星有两类:一类是太阳同步极轨卫星,它围绕地球运转,飞行高度一般在1000千米左右,周期约115分钟,卫星轨道平面与地球赤道平面夹角为98度左右,每天经过同一地区上空两次。另一类为地球同步轨道气象卫星,它的飞行高度约为36000千米,轨道平面与地球赤道平面基本重合,运行周期和地球自转周期相等。因此,从地面看来它好像总是悬挂在赤道某一点的上空,成为静止卫星。这种卫星通常每隔20分钟左右观测地球一次,视野为南、北50个纬距,经距100度左右。如果在赤道上空均匀分布5颗静止气象卫星,就可以形成一个跨南北50个纬距的全球观测带,这是监测气象和海洋的最现代和最有效的手段。

373. 印刷海流计有什么特点?

印刷海流计是一种船用或浮标用的定点自记式测流仪器,最大使用深度为6000米,连续记录时间可长达2个月之久。它的记录装置由弹簧带动,自记工作时间由时钟控制盘决定,流速、流向被记录在纸带或锡箔上。我国于20世纪60年代研制的HLJ1型印刷海流计用于锚定船只或浮标上,可以自记平均流速和瞬时流向。HLJ1型印刷海流计的测量范围:流速为3厘米/秒~148厘米/秒,流向为0度~360度,启动流速为2厘米/秒。自记工作天数的时间间隔分别是5、10、15、20、30、60,但实际上最长连续工作时间为57天。它在工作中是在水流的推动下,借助于磁同步器和齿轮传动系统的作用,

海上浮标

海洋水文

带动流速字盘旋转,在记录纸上自动印刷出流速的数据。流向是根据海流计尾舵方向与记录机构内磁针间的夹角测定,并表示在磁针的流向字盘上,由印刷机构印刷下来。

374. 照相型海流计的观测特点如何?

照相型海流计是一种浮标和船用的定点自记测流仪器。照相型海流计是用一个大直径导流叶轮测量流速,用随海流方向转动的度盘显示出数字来测定流向,并把这些测量值用照相的办法记录在耐压壳内的胶卷上。胶卷一般宽16毫米,长15米,可记录6000幅照片。该仪器的测量深度为150米,自记工作时间可达30天。

375. 声学多普勒海流计有什么特点?

声学多普勒海流计是以声波在流动液体中的多普勒频移来测定海流速度。它的优点是声速可以自动校准,能连续记录,仪器无活动部件,无摩擦和滞后现象,测量时感应时间快,测量准确度高,还可以测弱流等。其缺点是仪器的本身存在发射功率、电池寿命和声波衰减等问题,因此限制了该类仪器的使用范围。该类仪器的流速准确度为±2厘米/秒,流向准确度为±5度,工作最大深度为50米~6000米。目前广泛使用的以美国和挪威的产品较多。

376. 直读式海流计解决了什么问题?

除了印刷式、照相型等海流计之外,还有一种直读式海流计。顾名思义,直读式海流计的最大特点就是在现场测定时,直接从仪器显示的数据读出被测的数值来。

直读式海流计主要用于观测200米以浅不同深度处的水流速度和方向,同时它还可以用浮子把探测器漂离船体测量表层流速度和方向。测量范围为流速3厘米/秒~350厘米/秒,准确度为±1.5%,流向0度~360度,准确度为±4度;仪器可直接显示观测数据以供手工记录,也可以打印取得记录。仪器的结构主要由水下探测器、水上数据终端等部分组成。水下探测器的工作状态由微机系统通过三芯电缆控制。由流速和流向传感器采集的信号经转换后,通过三芯电缆送微机系统进行数据处理。

377. 什么是投弃式深温计?

"投弃"有"扔掉"的意思,假如真的把测试仪器扔掉了还怎么测量呢? 实际上,这种仪器叫投弃式温度计(XBT),它是一种常用的测量温深的系统。它也由探头、信号传输线和接收系统组成,探头通过发射架投放出去,探头感应的温度通过导线输入接收系统,并根据仪器的下沉时间得到深度值。利用XBT进行温深观测时,可以在船舶航行时使用的称船用投弃式深温计;利用飞机投弃的称航空投弃式深温计。这种仪器的最大使用特性就是易投放,并能快速地获得温深资料。

378. 电子式温盐深自记仪(CTD)有何特点?

电子式温盐深自记仪(CTD)于1974年问世。此仪器应用广泛,在多国联合进行的一系列大规模调查中作出了贡献,我国近年来也在海洋调查中日益广泛地使用CTD仪。CTD仪和其他一些高准确度、快速取样仪器以及卫星观测手段的应用,使得海洋调查和海洋学研究进入了一个全新的阶段,并推动了海洋中、小尺度过程和海洋微细结构的研究。

目前国内外广泛使用的CTD剖面仪有Neil/Brown-Mark Ⅲ型和SeaBird 911型。Mark Ⅲ型CTD由水下部分和船上接收部分组成,两部分之间用绞车电缆连接。水下部分称为探头,它用来感应需测量的物理量并将它们转换成频移信号,通过铠装电缆传送到船

海洋观测仪器投放

上的接受部分。水下部分主要包括压强(D)、温度(T)和电导率(C)传感器相应的接口、10千赫兹振荡器、精密的AC数字化器、格式器、控制器及频移调节器等电子元件器件和线路。与其他同类观测仪器相比,CTD具有零漂小、长期稳定性好、噪声低等优点,所得资料具有极高的准确度和分辨率。

379. 什么是大面观测和断面观测?

倘若你初涉海洋调查领域,首先会听到两个常说的词:大面观测和断面观测。大面观测是为了了解某海区的水文等要素分布情况和变化规律,在该海区布设若干个测站,在一定的时间内对各站观测一次,这种调查方式称为大面观测。若大面观测站的站点布设位置一般按直线分布,由此直线所构成的断面叫作水文断面。水文断

面的位置一般应垂直于陆岸或主要海流方向。其密集程度和站距,通常的原则是在近海岸线区域密一些,外海深水区域可稍疏一些。

380. 什么是连续观测?

顾名思义,连续观测就是不间断的观测。为了解水文、气象、生物、化学要素的周日或逐日变化规律,在调查海区内选定具有代表性的测站,连续进行一日以上的观测称为连续观测。连续观测的观测项目,除了大面观测的观测项目外,还需进行海流观测。连续观测又分为周日连续观测和多日连续观测。周日连续观测,是当船只抛锚后连续观测24个小时以上,其中水深每小时观测一次;潮流至少应取25次记录;水温、水色、透明度每两小时观测一次,取13个记录;波浪、气象要求每三个小时观测一次,取7个~8个记录;海发光在夜间观测三次。多日连续观测是指连续两天或两天以上的观测。目前,各国采用的海洋水文气象遥测浮标站、固定式平台等是连续观测站的新发展。

海洋观测仪器投放准备

海洋水文

381. 什么是同步观测与辅助观测？

同步观测是用两条或两条以上的调查船同时进行的海洋观测。它可以获得海洋要素同步或准同步的分布，对深入了解海洋现象的本质以及诸现象在时间和空间上的相互联系具有重要意义。对于海洋要素的时间变化比较显著的近岸浅海区，这种方法更为重要。

同步观测的方法可以多种多样，可以用一条船进行定点连续观测，另外的船只配合进行断面或者大面观测；也可以由很多船同时在各个测站上进行观测。

辅助观测是为了获得较多的同时观测资料，从而补充大面观测和连续观测的不足，更真实地掌握水文气象要素的分布情况，可利用商船、军舰等非专门调查船只在海上活动的机会，定时地进行一些简单的水文气象观测。如船舶测报资料，就是辅助观测所获得的资料。

382. 我国进行过哪些国际海洋合作调查？

自改革开放以来，我国的国际海洋合作调查在中央对外方针指引下，已经全方位开展了多边、双边的合作，形成了多层次、多形式的新局面。在国际海洋调查研究活动中，先后参加了热带海洋和全球大气计划、世界海洋环流试验和全球海洋通量研究计划等。在双边合作调查研究方面，开展了中美热带西太平洋海气相互作用合作调查研究、中美热带西太平洋海气耦合响应试验、中日黑潮合作调查研究、中法长江口合作调查、中美南海海洋地质联合调查、中德南海地球科学联合研究、中韩黄海水循环动力学合作研究、中日副热带环流合作调查研究等。

实践证明,通过国际合作海洋科学调查与研究,是实现我国海洋科学研究的方法和技术与国际接轨,也是赶上或超过国际先进水平的主要途径。

383. 为什么要进行中美热带西太平洋海气相互作用合作调查研究?

我国于1985—1990年期间与美国合作进行了热带西太平洋海气相互作用的调查研究。那么,为什么要选择这个项目与美国合作呢?原来,热带西太平洋是影响全球气候变化的最大暖池的所在地,也是侵袭我国的台风及影响中国东部海域热动力和渔业状况的黑潮发生地。为了研究热带海洋和全球大气的月际及年际变化,从而推动我国对气候变化及异常气象问题的研究,提高和改善海洋环境和气候预报能力,中美两国于1984年7月19日在北京签订了"中美热带西太平洋海气相互作用研究合作方案",随后展开了合作研究。

384. 中美热带西太平洋海气相互作用合作调查研究的主要成果有哪些?

中美热带西太平洋海气相互作用合作调查开始于1985年,共进行了6年。6年中,中美两国共有1098人次(中方7个单位1001人次,美方7个单位97人次)的海洋学、气象学家和工程技术人员,对6条断面的110个站位进行了38个航次的海上科学考察,航程近10万海里,历时497天。完成温、盐、深、溶解氧自动测量作业848次,作业深度创造了5682米的记录,生物和化学测量649站次,多普勒剖面测流57872海里,布放、回收多要素观测、

中国科学院"大洋一"号海洋调查船

边自动记录边向陆地接收站发送数据资料的大洋锚碇浮标9个,投放漂流浮标和测温链浮标106个,投放投弃式温深仪1256个,并使用维沙探高仪、系留汽艇、海气界面度仪、太阳辐射测量仪进行了海面气象、海气边界层、痕量气体以及太阳辐射、大气化学等项目的观测和取样。在卡奔利亚湾还观测到一个台风由生成到消失的完整过程的珍贵资料,首次获得西太平洋1986—1987年厄尔尼诺事件发生过程中的现场观测资料,在国际上首次观测到热带西太平洋的赤道潜流于厄尔尼诺盛期发生反方向(即向西)流动。这一系列成果引起世界海洋学家特别是南美海洋学家的密切关注,并获得好评。

385. 为什么要进行"中日黑潮合作调查研究"?

黑潮可不是黑颜色的潮水,而是太平洋西缘一支高温高盐的海流,它以流速强、流量大、流幅窄和流程长而著称。黑潮的存在与变化,对中国沿海和日本南部及东部海域的海洋环境、沿海气候、渔业资源等均有较大影响。虽然中国和日本两国很早就对黑潮进行了研究,但由于黑潮是一个整体,这股水流横跨中日两国,以前中日两国各自的调查研究都有一定的局限性。为适应开发利用海洋的新形势,中国国家海洋局和日本科学技术厅经过多次磋商和谈判,正式签署了《中华人民共和国国家海洋局和日本国科学技术厅关于黑潮合作调查研究项目实施协议》。这个协议为期7年,从1986年正式开始执行。合作调查分三个阶段进行:1986—1987年进行普查;1988—1990年进行专题调查;1991年转入深入调查。中日黑潮调查的海区为黄海南部,东海琉球群岛东侧,日本以南、以东海域。调查内容有:海况的变化机制,如水循环、锋面混合、水团、黑潮及对马、台湾、黄海三支暖流的变异等;海洋环境和初、次级生物生产力及浮游生物的分布与季节变化;黑潮的净化机制,营养盐的分布、变化及物质沉降;黑潮流域的海气相互作用;探讨了对调查海域的热量、动能以及观测系统的开发。

386. "中日黑潮合作调查研究"的主要成果有哪些?

在中日海上黑潮合作调查研究的6年里,双方共进行了21个航次的海上调查,历时771天,总航程105499海里;进行了海洋水文、气象、生物、化学、海气相互作用等要素的调查,累计完成218条测线、1942个站位,调查面积100多万平方千米,回收浮标18个,获得了20多万个数据和水层样品等海洋环境资料。先后出版了《黑潮调查研究论文选》3册,中日合作出版了《中日黑潮学术研讨会论文集》1册,《中日黑潮合作调查研究海洋水文图集》4册。另外,还出版了《中日合作黑潮调查研究论文集》3册,《中日黑潮合作调查研究海洋水文图集》3册等。

387. 为什么要进行"中日副热带环流合作调查研究"?

中日副热带环流调查研究是继中日黑潮合作调查研究之后的又一个双边合作项目,也可以把它看成是中日黑潮合作调查研究工作的延续。中国国家海洋局和日本国科学技术厅于1995年3月1日签署了《中华人民共和国国家海洋局和日本国科学技术厅关于副热带环流合作调查研究实施协议》。该合作项目自1995年3月签署生效之日起到1998年2月止,共合作4年。这个项目的合作目的在于通过对副热带环流区浮游生物的分布及输送等项目的调查,开展海洋—大气系统的变异对东亚气候的影响和副热带环流区大气扰动对副热带高压的影响,以及副热带环流区初级生产力的评估研究。探明赤道副

海上自动观测

热带海域海洋、大气变化对中国、日本和东南亚各国海洋环境、资源、气候变化造成的影响。"中日副热带环流合作调查研究"的合作调查海域为西北太平洋海域(除两国

及第三国领海区以外)。1995年10月11日—11月3日进行了第一航次的调查,1997年11月27日—12月23日执行了最后一个航次的海上调查。

388. 为什么说全国海洋普查是我国最系统的一次调查?

新中国成立之初,国家的第一代领导人就对海洋科学事业给予高度的重视。1956年,在周恩来总理亲自主持制定的"国家12年科学技术发展规划"中,就把中国海洋的综合调查及其开发方案列为1956—1967年国家重点科学技术项目,并明确规定:中国海洋科学事业的发展,应密切结合生产实践和国防建设的需要,为这些部门服务,其发展途径,应从海洋综合调查开始,并将中国海洋调查及海洋图集的编绘列为中国海洋科学的第一个中心课题。根据这一规定,1958—1960年底,在国务院科学

"东方红2"号海洋调查船

规划委员会海洋组的全面规划和直接领导下,中国人民解放军海军司令部、中国科学院、中华人民共和国水产

海洋水文

部、交通部、中央气象局和有关大学以及沿海省市等60多个单位600多人共同协作,先后在渤海、黄海、东海和南海海区开展了中国历史上第一次大规模的"全国海洋综合调查",通称"全国海洋普查"。这就是当时我国进行的规模最大的一次海洋综合调查。我国是个海洋大国,仅依12海里为限,我国的法定领海面积就有300万平方千米,将近陆地面积的三分之一。可是,在20世纪50年代以前,中国人自己对它的水上、水中、水底的情况都知道甚少,怎么能谈得上开发利用呢?这就是为什么国家领导重视全国海洋普查的原因所在。我国第一次"全国海洋普查"是在国家科委海洋组的领导下进行的(1958年4月),其主要目的是:通过对中国近海进行系统全面的综合调查,编绘海洋学(海洋物理、海洋化学、海洋生物和海洋地质地貌)图集、图志;编写调查报告、学术论文;制定海洋资源开发利用方案;建立海洋水文气象预报、渔情预报;为加强国防和海上交通建设等提供必要的基础资料。全国海洋普查的范围很广,包括我国大部分近海区域。在北纬28度以北的渤海、黄海、东海海区布设了47条调查断面、333个大面积巡航调查(通称大面调查)观测站和270个连续观测站;在南海海区(含北部湾中越第一次合作调查区域)内布设了36条断面、237个大面积观测站和57个连续观测站。另外在浙江、福建沿海的两个海区内布设了8条调查断面和54个大面积观测站,进行了8个月的探索性大面积调查。由于受当时条件的限制,东海海区的台湾省附近海域和南海海区大片海域未能进行调查。

编后记

世界的未来是青少年的,而世界未来的希望在海洋。21世纪的今天,世界已经进入全面开发和利用海洋的新时代。

在我国青少年中全面、系统地开展海洋知识的普及教育,以适应国际形势变化的需要和未来人类社会发展的需要,是我们当代海洋科技教育工作者的责任和义务。有感于此,我们来自国家机关、高等院校、科研院所、军事机构等 40 多位海洋科技工作者,花费了三年多时间,精心策划并编撰完成了我国有史以来第一部海洋知识体系最完备、内容最全面的科普图书。

《海洋小百科全书》共 20 分册,300 余万字,110 个知识大类,总 7000 余个知识问答,几乎涵盖了海洋自然科学、海洋人文科学、海洋军事科学的全部基本内容。本书第一版由中国少年儿童出版社于 2002 年 5 月出版,2003 年 9 月荣获由中共中央宣传部等国家 7 个部门联合颁布的"第五届全国优秀科普作品奖科普图书类三等奖"。本书于 2007 年 10 月修订再版,现再次修订,由中山大学出版社出版。本次修订在保持原有知识体系和编写风格基本不变的情况下,除进行必要的知识内容更新外,又新增加了《海洋经济》分册,使《海洋小百科全书》的知识体系进一步完备,知识内容更加丰富。

本书自 2002 年 5 月出版至今,一直得到社会的普遍关注和广大读者的厚爱,在此,一并向曾经对本书编撰、出版、发行、修订等作出过贡献的人们表示衷心的谢意。

由于本书涵盖的知识内容宽泛,编写任务十分繁重,难免有知识遗漏和编写不当之处,欢迎广大读者提出宝贵的意见和建议。

《海洋小百科全书》主编:关庆利
2010 年 9 月 24 日

《海洋小百科全书》分类目录

(20分册·110类)

1 海洋地理
 海洋地理大观
 世界海岛揽胜
 海洋地理趣闻
 奇妙海底世界
 海洋地质灾害
 神奇中国岛岸

2 海洋水文
 多姿多彩的海洋
 海水的自然神韵
 海洋与人类互动
 探测海洋的波脉

3 海洋气象
 走近海洋风暴
 探寻海洋天气
 感受海洋冷暖
 变换海洋风雨
 领悟沧海桑田
 俯观海气轮回

4 海洋探险
 古代海洋探险
 近代海洋探险
 现代极地探险
 环球海洋风采

5 海洋航运
 船舶千秋史话
 航海妙趣万千
 惊涛铸造奇闻
 中国航运今昔
 船运业务趣谈

6 极地科考
 挑战人类的环境
 不可争夺的领土
 南极人的生活
 南极生物奇趣
 揭开奥秘的考察
 北极世界的探索

7 海洋生物
 无限生机的海洋
 迷人的海洋奇葩
 璀璨的贝类明星
 威武的虾兵蟹将

微小的海洋居民
多彩的海洋植物

8　海洋动物
奇妙的动物家族
高超的生存技巧
神秘的自然之谜
复杂的生存关系
多彩的情爱生活
狰狞的危险动物
友善的人类朋友

9　海洋渔业
千姿百态捕鱼技术
海洋渔业发展史话
名贵海产品趣味谈
海产品美食与营养
海产品保健与药用

10　海洋化学
海水的趣味故事
海水的化学秘密
海水的化学资源
无尽的海底宝藏
流泪的海洋环境

11　海洋物理
妙趣横生海洋物理
威力无比海洋声学

奇光异彩海洋光学
探索海洋高新技术
四通八达海底电缆
准确无误导航技术

12　海洋工程
人类水下生活
探索海底世界
雄伟近岸工程
海上铸造希望
港口飞架彩虹
旅游方兴未艾
无尽海洋能源

13　海洋科教
著名的海洋科学家
世界海洋科技之最
重大海洋科学考察
世界海洋科研教育

14　海洋权益
蓝色的海洋国土
繁杂的海域划分
激烈的海洋争斗
独特的海运规则
严格的船舶管理
复杂的海事纠纷
神圣的海洋权益

15 海洋经济
海商奠基帝国兴起
追寻民族海商踪迹
当代海洋经济概览
日新月异朝阳产业
夯实蓝色经济基石

16 海洋文学
中国古代海洋文学
中国现代海洋文学
外国古代海洋文学
外国现代海洋文学
中外海洋影视文学

17 海洋文化
海洋神化故事
海洋语言文字
海洋绘画名作
海洋雕塑艺术
海洋音乐经典
海洋民俗风情

海洋著作学说

18 海军兵器
凶悍的汪洋猛鲨
奇妙的掠波剑鱼
神秘的龙宫巨鲸
无敌的长空雄鹰
未来的海战新秀
难忘的千年风流

19 古今海战
古代海战追踪
近代海战掠影
"一战"群雄争霸
"二战"邪灭正兴
现代海战大观

20 海洋军事
海军兵力纵横
海军礼仪风采
海军名人传奇
海军趣闻轶事